土木工程科技发展与创新研究前沿丛书

西部地区农村人居环境整治理论与实践研究

——以新疆生产建设兵团为例

武文丽　刁秀丽　张天杭　著

武汉理工大学出版社

·武汉·

内 容 简 介

　　本书分为理论篇与实践篇,理论篇从我国农村发展、乡村振兴入手,通过对农村人居环境基础理论的梳理,结合我国西部地区农村人居环境治理现状,分析整治中存在的困境与现实状况。实践篇以新疆生产建设兵团团场连队人居环境整治发展水平评估和功能定位为基础,以不同定位功能下标准体系制定和精准培育示范连队筛选为核心,以差异化人居环境整治发展路径的实现为目标,以实证研究为引领示范,从"全面摸底、标准体系制定、示范连队筛选、实证示范"各环节系统地提供符合兵团人居环境整治建设需求的技术支撑,形成一系列核心技术文件,为兵团连队人居环境整治提供决策依据。

　　本书可为我国西部地区其他农村人居环境整治及政策制定提供一定的理论基础,也可参照所提出的实施性发展路径,作为兵团团场连队的发展范式,以促进各产业实现融合发展。

图书在版编目(CIP)数据

　　西部地区农村人居环境整治理论与实践研究:以新疆生产建设兵团为例/武文丽,刁秀丽,张天杭著.—武汉:武汉理工大学出版社,2024.1
　　ISBN 978-7-5629-6936-5

　　Ⅰ.①西…　Ⅱ.①武…　②刁…　③张…　Ⅲ.①农村-居住环境-环境综合整治-研究-新疆　Ⅳ.①X21

　　中国国家版本馆 CIP 数据核字(2023)第 235582 号

项目负责人:王利永(027-87290908)　　　　　　　　　责任编辑:黄玲玲
责 任 校 对:陈海军　　　　　　　　　　　　　　　　版面设计:正风图文
出 版 发 行:武汉理工大学出版社
社　　　　址:武汉市洪山区珞狮路 122 号
邮　　　　编:430070
网　　　　址:http://www.wutp.com.cn
经　　　　销:各地新华书店
印　　　　刷:武汉乐生印刷有限公司
开　　　　本:787 mm×1092 mm　1/16
印　　　　张:11.75
字　　　　数:301 千字
版　　　　次:2024 年 1 月第 1 版
印　　　　次:2024 年 1 月第 1 次印刷
定　　　　价:80.00 元

前　　言

　　改善农村人居环境,建设美丽宜居乡村,是实施乡村振兴战略的一项重要任务,事关全面建成小康社会,事关广大农民根本福祉,事关农村社会文明和谐。近年来,各地区各部门认真贯彻党中央、国务院决策部署,把改善农村人居环境作为社会主义新农村建设的重要内容,大力推进农村基础设施建设和城乡基本公共服务均等化,农村人居环境建设取得显著成效。《中共中央关于制定国民经济和社会发展第十四个五年规划和二〇三五年远景目标的建议》《农村人居环境整治三年行动方案》《乡村振兴战略规划(2018—2022 年)》及中央农村工作会议等都强调要加快补齐农村公共服务短板,改善农村人居环境。

　　我国西部地区有着相对复杂的环境基础、政府资金投入无持续保障等特殊困境,导致农村人居环境整治提升较之其他地区难度更大。同时因受制于自然因素、历史因素和经济社会因素,我国西部地区的基础设施条件薄弱,原有基础设施难以满足覆盖度和普及率的政策要求,道路交通、卫生厕所、垃圾处理设施、污水处理设施和资源化利用设施建设缺口较大。此外,从人文环境来看,西部地区基层乡村群众的公共卫生理念、生态环保意识、绿色生产生活方式与理想情况差距较大,加之他们对政策的理解不深,增加了人居环境整治提升的难度。综合来看,我国西部地区农村人居环境整治工作必须要因地制宜,总结发展经验,循序渐进地稳步推进。

　　近年来,新疆生产建设兵团各师市、团场认真贯彻落实兵团党委关于连队人居环境整治工作的决策部署,持续开展以"五清三化一改"为重点的连队清洁行动,通过抓规划、抓标准、抓示范、抓资金、抓产业,完成 672 个连队人居环境整治提升目标,实现了连队清洁的常态化、持续化,具有兵团军垦特色的示范连队建设取得显著成效。兵团将改善人居环境作为新型城镇化建设的重要内容,大力推进连队居住区整治和转型发展,人居环境明显改善。目前,各师市、团场正在按照《新疆生产建设兵团连队人居环境整治提升五年行动方案(2021—2025 年)》要求接续推进连队人居环境整治工作。但由于各师发展不平衡,连队发展水平和层次不同,连队居住区脏乱差等环境问题还不同程度存在。缺乏指导性强的顶层规划,缺乏针对性、操作性强的建设标准体系与可长效管护的机制,是制约兵团团场连队人居环境提升的关键因素。因此,我们需要正视兵团团场连队人居环境发展的瓶颈及区域不平衡现状,明确人居环境整治工作的优先顺序,积极探索未来差异化推进兵团团场连队人居环境整治提升的路径。

　　本书上篇(理论篇)主要以国家乡村振兴政策为导向,梳理我国乡村建设和农村人居环境治理发展历程;以乡村生态宜居建设和农村可持续发展为理论基础,探究农村人居环境整治的思路与方法路径,并构建了一套适合西部地区人居环境整治的标准体系。同时,以近三年西部地区乡村振兴发展报告为背景,分析西部地区人居环境整治现状,总结共同存在的问题。从理论层面来看，本书深度探讨了西部地区农村人居环境的建设水平，运用多学科理论方法，从农村基础设施、农村生活垃圾处理、农村生活污水处理、住房规划、村容村貌整治、农业废弃物利用等多方面构建了较为全面的建设水平评价标准体系，可作为其他区域农村人居环境整治的理论参考。本书探索人居环境整治过程中的差异化发展路径规律，提出可持续的长效管护机制，丰富和完善了农村人居环境整治提升的研究体系，为农村人居环境整治及政策制定提供一定的理论依据。从实践层面来看，为西部地区农村的功能定位和人居环境建设路径提供科学依据和借鉴模式。与此同时，本书提出：注重不同类型农村的自身发展基础（区位优势、资源优势、产业优势等）及其内在关联性，以全域性的顶层规划来强化各地区自身"造血机制"；以高效性的精准培育来推动农村差异化发展；以可实施性的发展路径为西部地区农村提供发展范式，促进各产业融合发展。

　　本书下篇（实践篇）以新疆生产建设兵团为例，立足于"因地制宜、分类指导、团连统筹、协调推进、深化改革、建立机制、统一规划、逐连推进"的兵团人居环境整治总体要求与基本原则，通过建设内容与标准的制定，总结提炼出一系列符合实际的环境整治技术方法，增强实施方案的指导性与可操作性；针对各师市为培育1～2个空间布局合理、基础设施完善、建设管理一体化水平高的团场开展试点示范创建，通过层次分析法开展示范连队筛选评价体系研究，为高起点规划、高水平设计、高质量建设示范连队提供理论依据与实证研究，并开展人居环境软环境研究，以居民满意度为标准，建立能复制、易推广的建设和运行管护机制，为深入推进兵团连队居住区人居环境整治工作，提升连队生活条件和生态环境质量，建设生态宜居的美丽连队提供理论依据。

　　本书受兵团维稳成边智库项目"兵团团场连队人居环境整治标准体系建设及示范连队筛选实证研究"（21BTZKC06）及石河子大学课题"乡村振兴战略视角下南疆兵团旅游型连队差异化发展路径研究"（ZZZC2022010）支持。各章执笔分别为：前言，第3、5、6、7、8、9章为武文丽；第1、2章为刁秀丽；第4章为张天杭。袁也、闫嘉兴、贺琪馨、刘雨萌、戴铭轩、马杰、苏瑞琪等参与调查问卷制作和图表绘制，在此一并表示感谢。

　　由于笔者能力有限，书中难免有不足之处，敬请读者批评指正。

作　者
2023 年 5 月

目　　录

上篇　理论篇

下篇　实践篇

上 篇

理 论 篇

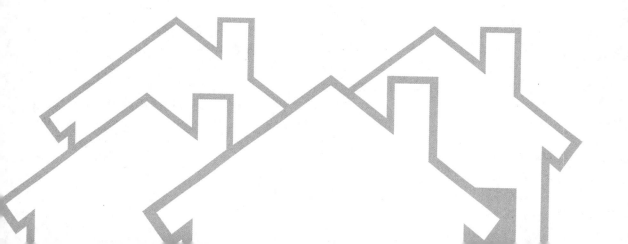

1　研　究　背　景

1.1　改革开放以来我国乡村建设发展历程

党的二十大报告指出,全面建设社会主义现代化国家,最艰巨最繁重的任务仍然在农村,并提出统筹乡村基础设施和公共服务布局,建设宜居宜业和美乡村,同时提出坚持农业农村优先发展,坚持城乡融合发展,畅通城乡要素流动。我国既要建设现代化繁华城市,也要建设现代化繁荣乡村,促进城乡发展差距不断缩小。回顾我国乡村建设历程发现,其主要分为以下五个阶段。

1.1.1　起步阶段:村镇初步规划阶段(1978—1994 年)

改革开放后,农村地区积极推行"包产到户、包干到户",农民生产积极性大大提高,剩余劳动力逐渐从土地上解放出来进入非农部门,实现了经济繁荣和资本积累,为乡村基础设施和房屋建设提供了经济基础,掀起一股农村房屋建设的热潮。农民建了新房,解决了住房面积短缺的问题,但房屋结构不合理、功能不完善、耕地被占用等问题随之出现。

为规范农村房屋建设,中央成立了乡村建设管理局,以指导和协调全国农村房屋建设工作。1981 年,全国第二次农村房屋建设工作会议提出将乡村及周边环境进行综合规划,"城乡建设环境保护部"成立,并依据中央文件进行村镇规划编制工作。截至 1986 年底,全国有3.3 万个小城镇和 280 万个村庄编制了初步规划。乡村建设逐步走上有规可循的道路,乡村规划的理论基础、方法、技术和标准也初现雏形。

1.1.2　探索阶段:统筹城乡发展阶段(1992—2004 年)

党的十四大明确提出建立社会主义市场经济体制,促使市场经济快速发展,带动了城镇化进程的加速,农村大量的资金、土地和劳动力等资源流向城市,城乡发展不均衡,二元结构现象突出。为此,2003 年 10 月党的十六届三中全会将"统筹城乡发展"摆在国家全面发展战略构想中"五个统筹"的首位。

为保障乡村建设有法可依、有章可循,1993 年国务院发布《村庄和集镇规划建设管理条例》,1997 年建设部发布《1997 村镇建设工作要点》和《村镇规划编制办法》,2002 年国家环境保护总局与建设部联合印发《小城镇环境规划编制导则》。随后,皖南古村落成功申报世界文化遗产,政府与学术界开始重视古村落的保护与开发相关的问题。

从国家到地方各级人民政府逐渐重视乡村建设工作,部分地区村庄环境整治工作全面开展,探索完善乡村基础设施的可行路径。2003 年,浙江省开展了"千村示范、万村整治"工程,全面整治全省万个行政村,把其中千个行政村建设成全面小康示范村。

1.1.3 发展阶段:新农村建设概念提出(2005—2011 年)

2005 年,党的十六届五中全会提出"工业反哺农业、城市支持农村",并且明确了乡村建设的具体要求,乡村建设被放在国家发展的重要位置。同时,国家全面取消农业税,减轻了农民负担,增加了农民收入,为乡村建设提供了经济支撑。同年,建设部颁布的《关于村庄整治工作的指导意见》中提出改善农村最基本的生产生活条件和人居环境。同年召开的中央农村工作会议中正式提出"新农村建设"的概念。

2008 年,中共十七届三中全会进一步提出农村建设"三大部署",成为乡村产业调整的新契机,各村镇积极发展旅游业,保护和利用村镇特色景观资源,推动乡村建设。2008 年 1月 1 日实施的《中华人民共和国城乡规划法》取代了《中华人民共和国城市规划法》,乡村建设正式纳入法制体系,有力地遏制了各地农村无序建设、违法建设的混乱现象。同年,"建设部"改为"住房和城乡建设部"(简称住建部),住建部颁布了村庄整治工作技术法规方面的国家标准,推动村庄整治工作深入展开。

这一阶段,中国乡村建设迅速发展,全国范围内促进旅游经济发展及人居环境改善的乡村建设典范层出不穷。如浙江省安吉县正式提出"中国美丽乡村"计划,推动乡村产业发展,促进村容村貌和生态环境改善,成为中国新农村建设的鲜活样本。

1.1.4 稳定阶段:美丽乡村建设阶段(2012—2017 年)

城镇化的快速发展推动乡村建设从数量为重向质量为重发展。2013 年,中央提出"新型城镇化"的概念,目的是保护农民利益,实现城乡统筹和可持续发展。乡村建设工作中产业发展、生态环境和文化建设齐头并进,主要内容包括美丽乡村建设、人居环境建设和乡村振兴建设。

(1)美丽乡村建设

2012 年,党的十八大提出"美丽中国"概念;2013 年,中央一号文件提出建设"美丽乡村";2015 年,中央一号文件表明"中国要美,农村必须美",同年,国家标准《美丽乡村建设指南》(GB/T 32000—2015)发布。2017 年,党的十九大报告提出要走中国特色社会主义乡村振兴道路,美丽乡村建设仍然是国家发展战略的重点。在中央文件指引下,各地相关部门开展了美丽乡村建设的实践工作。2013 年,住房和城乡建设部开展了建设美丽宜居小镇、美丽宜居村庄示范工作,并陆续公布了 190 个美丽宜居小镇、565 个美丽宜居村庄。

(2)人居环境建设

2013 年,住房和城乡建设部对村庄整治规划的内容、要求、成果等作出了明确要求,提升了乡村人居环境质量。2014 年,国务院建立了农村人居环境统计和评价机制,此后,住房和城乡建设部每年开展一次全国范围内行政村农村人居环境调查,举办创建改善农村人居环境示范村活动,2017 年公布了村庄规划示范名单。为了加强农村建设规划管理,2017 年,住房和城乡建设部印发了《村庄规划用地分类指南》,对村庄用地类型进行了详细规定。

（3）乡村振兴建设

2017 年 10 月 18 日,在党的十九大开幕式上,习近平总书记首次提出了实施乡村振兴战略,全面开启了中国农业农村现代化的新征程。实施乡村振兴战略,是建设现代化经济体系的重要基础,是建设美丽中国的重要举措,是传承中华优秀传统文化的有效途径,是健全现代社会治理格局的固本之策,是实现全体人民共同富裕的必然选择。城乡发展不平衡、农村发展不充分,是新时代我国社会主要矛盾的突出表现。实施乡村振兴战略,及时回应了新时代我国社会主要矛盾,顺应了新时代亿万农民的期待,是实现"两个一百年"奋斗目标和中华民族伟大复兴中国梦的必然要求,具有重大现实意义和深远历史意义。

1.1.5　成熟阶段:生态宜居乡村建设阶段(2018 年—至今)

党的十九大报告将"生态宜居"作为乡村振兴战略的重要内容,明确要开展乡村人居环境整治行动。2018 年底至 2019 年初,《农村人居环境整治三年行动方案》《农村人居环境整治村庄清洁行动方案》《关于推进农村"厕所革命"专项行动的指导意见》等相继出台。2022 年,中共中央办公厅、国务院办公厅印发了《乡村建设行动实施方案》,强调以普惠性、基础性、兜底性民生建设为重点,加强农村基础设施和公共服务体系建设,努力让农村具备更好生活条件,建设宜居宜业的美丽乡村。

1.2　乡村振兴战略发展历程

按照中共十九大提出的决胜全面建成小康社会、分两个阶段实现第二个百年奋斗目标的战略安排,乡村振兴战略坚持农业农村优先发展,目标是按照产业兴旺、生态宜居、乡风文明、治理有效、生活富裕的总要求,建立健全城乡融合发展体制机制和政策体系,加快推进农业农村现代化。

在国家政策文件的引导下,全国各地进一步有效落实,把公共基础设施建设重点放在农村,持续改善农村生产生活条件,使得农村垃圾、污水、面源污染等问题得到一定程度的解决,改变了村容村貌,农村人居环境得到了极大改善,乡村综合治理体系有效提升。

面对数以亿计的农村庞大人口,以及小农户为主体的独特国情,中国实施乡村振兴大计,是前无古人的伟大实践。乡村振兴战略提出以来,在实践中不断丰富,从战略提出,到顶层设计,进而实施方案,已经形成了系统的政策体系。这套政策体系思路清晰,目标明确,立足当前,面向长远,是中国式治国理政智慧的集中体现,反映了中国特色的政策制定逻辑。乡村振兴战略提出以来,回顾其政策发展过程可以划分为五个阶段。

1.2.1 党的十九大胜利召开，明确了乡村振兴的总体要求

中国共产党十九大的胜利召开，宣告了中国特色社会主义进入新时代。十九大报告创新提出"实施乡村振兴战略"，并将其作为决胜全面建成小康社会、全面建设社会主义现代化强国的七大国家战略之一。乡村振兴战略的提出，是党的十九大对过去提出的重要农村战略的系统总结和升华，既涵盖了以往各个历史时期党的农村战略思想的核心内容，也顺应国情变化，赋予了农村发展以乡村治理体系、农村现代化、城乡融合发展等新的内涵，是社会主义新农村建设思想的进一步升级，也是党为新时代农村发展设定的新目标，提出的更高要求。

1.2.2 2017 年中央农村工作会议召开，绘制了乡村振兴战略的时间表和路线图

2017 年中央农村工作会议提出，实施乡村振兴战略，是中国共产党"三农"工作一系列方针政策的继承和发展，是中国特色社会主义进入新时代做好"三农"工作的总抓手。会议提出了乡村振兴的"三步走"战略部署，标志着我国乡村振兴大计的正式开局。从内容上看，这一战略设计将实施乡村振兴战略视为一项长期的历史性任务，把乡村振兴历史进程布局为循序渐进的三个阶段，绘制了实施乡村振兴战略的路线图。从时间上看，这一战略设计与党的十九大提出的决胜全面建成小康社会、分两个阶段实现第二个百年奋斗目标的战略安排有机衔接，为未来 30 多年实现农业农村现代化规定了时间表。

1.2.3 2018 年中央一号文件的发布，规划了新时代乡村振兴的顶层设计

2018 年中央一号文件（以下简称"文件"），围绕实施乡村振兴战略讲意义、定思路、定任务、定政策、提要求，为实施乡村振兴战略构筑了"四梁八柱"的政策体系。文件将乡村振兴作为一项长期的历史性任务，按照党的十九大提出的决胜全面建成小康社会、分两个阶段实现第二个百年奋斗目标的战略安排，依照"远粗近细"的原则，对实施乡村振兴战略的"三步走"目标任务进行战略设计。文件充分尊重乡村发展的客观规律，对统筹推进农村的经济建设、政治建设、文化建设、社会建设、生态文明建设和党的建设，也做出了全面部署。

1.2.4 2018 年"两会"的召开，习近平总书记在会上提出了实施乡村振兴战略"五个振兴"的科学论断

在 2018 年的"两会"上，政府工作报告中指出要科学制定规划，健全城乡融合发展体制机制，依靠改革创新壮大乡村发展新动能。"两会"期间，习近平总书记在参加山东代表团审议时指出，要通过推动乡村产业振兴、乡村人才振兴、乡村文化振兴、乡村生态振兴、乡村组

织振兴,来推动乡村振兴健康有序地进行,为实施乡村振兴战略提出了明确的任务要求和努力方向。

1.2.5 《乡村振兴战略规划(2018—2022年)》的发布,为全面实施乡村振兴战略提供了"操作手册"

《乡村振兴战略规划(2018—2022年)》(以下简称《规划》)对实施乡村振兴战略第一个五年工作做出具体部署,是指导各地区各部门分类有序推进乡村振兴的重要依据。《规划》对乡村振兴的总体格局、操作流程和具体指标做出明确设计,为各地因地制宜推进农业农村现代化提供了具体思路和工作依据。《规划》将构建新时代的城乡关系作为实施乡村振兴战略的创新思路,高屋建瓴规划了如何实现从"乡土中国"向"城乡中国"的转型,提出了统筹城乡发展空间、优化乡村发展格局、分类推进乡村发展以及坚决打好精准脱贫攻坚战四大实施路径。

实施乡村振兴战略,是中国面向未来三十多年的伟大壮举。党的十九大开启了乡村振兴的伟大征程,在短短一年的时间里,中国开展了高强度的战略设计,已经形成了系统的政策体系,体现了惊人的决策效率,展现了中国体制的独特优势。以上政策发展过程的五个阶段,实际上是将乡村振兴战略从1.0版本快速升级,目前已经升级到5.0版本,《规划》作为最新版本集中体现了全党全民的智慧,是指导当前乡村振兴工作的最佳实践指南。未来中国还会随着乡村振兴实践的不断深化,持续升级乡村振兴战略以适应国情农情的动态变化,走出中国特色社会主义乡村振兴道路,进一步展现中国体制的独特魅力。展望2035年和2050年,中国需要保持战略定力,坚持久久为功,步步为营把乡村振兴战略向前推进,把乡村全面振兴的美好蓝图一步一步变为现实,有力推动中华民族伟大复兴中国梦的如期实现。

1.3 农村人居环境治理的发展历程

结合国家环境保护历程、农村社会发展阶段以及农村人居环境具体治理内容的发展历史,中华人民共和国成立以来农村人居环境治理的发展历程可以分为以下四个阶段。

1.3.1 发端阶段:运动式治理(1952—1977年)

中华人民共和国成立初期,由于长期战乱、医疗资源匮乏、卫生习惯差等原因,多种烈性传染病不同程度地发生,国家为改变城乡不卫生状况和传染病严重流行的现实情况在全国持续开展群众性的爱国卫生运动。爱国卫生运动开始于1952年,并持续至今,是一场由政府领导、多部门协作、全社会广泛参与的群众性卫生活动。其治理内容先后涵盖了除"四害"、讲卫生、整治环境的群众性卫生运动,"两管五改"行动,"五讲四美"等一系列工作内容,涉及人居环境的内容主要是垃圾清除、污水渠道清理、水改、厕改等。其中在农村地区开展的"两管五改"可以说是我国农村人居环境治理的开端,也是"厕改水改"治理项目的起点。

农村地区的"两管五改"一开始虽然是源于爱国卫生运动针对传染病的防控,主要以清除居住环境污秽,减少农村居住环境因"脏"的问题而导致的健康隐患为主,但在持续的治理过程中却逐渐成为改善人居环境的重要内容。可以看出,这一时期针对农村人居环境治理制度的体系构建几乎是空白的。从政策文本上看,农村的卫生清洁、"两管五改"等治理项目均没有专门的政策文件予以解释与规范,主要通过中央政府的一些行政指令、通知等形式下达;从管理和实施上看,在以重工业进行资本积累的情势下,政府对乡村公共产品的财政支持极为有限,爱国卫生委员会作为各级政府中一个议事协调机构,较少涉及财政投资主导的农村人居环境项目建设,对农村人居环境整体的改造更多停留在表层的环境洁净维护,并没有形成常态化的机制和规范化的制度体系。

1.3.2　起步阶段:科层化治理(1978—2004 年)

在这一阶段,政府治理重心下移,通过设立相关主管及其外派管理机构,并出台了一系列重要的法律法规,推进了农村人居环境的科层化治理进程。在这套规范化的治理体制下,政府对农村社会事务以及公共产品的供给呈现为单一的供给主体、自上而下的决策机制和高度集中的资金安排模式,而在行政分权和财政包干的政治体制中,中央政府虽然下放了事权,但却没有给予地方相应的财权,反而使大多数乡镇财政陷入困境。在权、责、利不匹配的状态下,难免会使遵照科层制规范与程序行使治理权力的村级组织采取选择性治理策略,往往将不纳入督办与考核范围的相对不重要的农村人居环境治理事务置于治理末位。

1.3.3　发展阶段:项目化治理(2005—2013 年)

这一时期的农村环境治理专项政策最为集中。2005 年,国家发展和改革委员会、水利部等部门开启了"农村饮水安全工程";2006 年,中央投资 25 亿元加大农村沼气建设,农业部开展乡村清洁工程示范建设,国家环保总局发布与实施《国家农村小康环保行动计划》;2008 年,第一次全国农村环境保护工作会议召开,中央财政首次设立农村环境保护专项资金,安排 5 亿元用于"以奖促治"政策的实施;2009 年,全国爱国卫生运动委员会开展"全国城乡环境卫生整洁行动";环境保护部、财政部、国家发展和改革委员会联合制定了《关于实行"以奖促治"加快解决突出的农村环境问题的实施方案》;2010 年,环境保护部印发《全国农村环境连片整治工作指南(试行)》;2012 年,党的十八大明确提出要把生态文明建设放在突出位置,当年的中央一号文件第一次提出要建设"美丽乡村"的奋斗目标;2013 年,农业部正式启动"美丽乡村"创建活动,财政部在浙江、贵州、安徽、福建、广西、重庆、海南等地区启动"美丽乡村"建设试点,将"美丽乡村"建设作为一事一议财政奖补工作的主攻方向,涵盖农村污水治理、生态保护建设补助专项、农村水利工程建设、农村公路建设与养护、农房改造、现代农业发展、发展农家乐专项等资金项目。

在以上农村人居环境治理政策不断完善的进程中可以看到,在项目制度框架内,基于国家政策要求和调动地方资源的双重目标开展的专项化和项目化治理是一种非科层和非行政指令的竞争性授权,有效避免了过去村庄社会事务行政化的结构性困境。另外,项目化治理的目标针对性和有效性更为聚焦,控制更严格,管理更规范,更容易实现绩效合法性目标,从而减少资金使用分散、交叉、重复和挤占挪用等现象。

1.3.4　深化阶段:复合型治理(2014 年—至今)

自党的十八大将生态文明建设纳入"五位一体"总体布局以来,2015 年 4 月,中国首次以中共中央、国务院名义印发《关于加快推进生态文明建设的意见》。同年 9 月,中共中央、国务院出台《生态文明体制改革总体方案》。2015 年 1 月 1 日起,被称为"史上最严"的《中华人民共和国环境保护法》正式实施。中国环境治理的顶层设计正逐步完善、制度建设不断健全、执法监督力度空前,呈现出复合型环境治理的趋势和特点,农村人居环境治理作为复合型环境治理格局中的一个面向,呈现出政策体系不断深化、制度地位不断上升和治理力度持续加大的特征。

这一阶段,国务院、相关部委以及各级地方政府已经形成了关于农村人居环境综合治理的共识,政策安排上突破了以往政策设计割裂及碎片化的局面,呈现为一个充分凸显"复合型"内涵的治理图景。复合型环境治理实际上包含了两个层面的内涵,其一为"复合型"的环境挑战,主要体现在环境问题空间上的普遍性、时间上的叠加性、环境诉求的多样性以及国内外环境压力复合并存;其二为"复合型"的环境治理,指的是面向整体环境、依托整体环境、为了整体环境的综合治理和社会变革时代的治理模式,是由政府、市场、社会组织和公众等多元主体共同参与、相互合作形成的一种新型的现代环境治理理念和治理结构,是一项需要通过制度建设、社会系统的变革以及社会建设推动环境治理的系统工程。

综上可见,在中华人民共和国成立以来 70 多年的历史进程中,我国农村人居环境治理制度大致经历了四次模式的转变,由发端于爱国卫生运动时期的公共环境卫生治理、起步于改革开放时期的农村公共基础设施建设、发展于社会主义新农村综合环境整治以及深化于生态文明建设的复合型农村人居环境治理四个阶段构成,由多个主管部门与协作单位在专项化的管理体制下同时、分散式地主导与推进,呈现出阶段性却不间断的治理历程特征。

根据历史制度主义的观点,制度变迁的过程可以分为三个层次,即"正常时期"制度存续的路径依赖、"关键性支节点"时期的制度断裂与生成以及基于"制度拼图"和权威的层叠结构而发生的渐进制度变迁。纵观我国农村人居环境治理演进的历程,其制度的变迁很大程度上符合这一发展逻辑。首先,在这段历史中至少存在三个重大"关键性支节点",即 1949 年中华人民共和国的成立、1978 年十一届三中全会的召开和 2005 年税费改革的成功,这三个重大事件背后涉及我国政治制度确立、经济体制转型以及文化价值的转变,这些社会转型的"关键性支节点"造成了我国农村人居环境治理的制度断裂,呈现为运动式治理、科层化治理、项目化治理、复合型治理的变迁路径。其次,我国农村人居环境治理制度变迁中呈现出较明显的路径依赖,主要表现为制度继承与制度强化。制度继承主要表现为中华人民共和国成立后对群防群治运动式治理模式的继承、改革开放后对单位制和总体体制的继承和税费改革后对科层制的继承;而制度强化则体现为农村人居环境治理的制度体系构建,在科学发展观、生态文明建设、五位一体等环境保护理念发展过程中得到不断完善与强化。最后,我国农村人居环境治理历程中的四个阶段并非是界限分明的,每个阶段主导的治理内容都涉及不同的领域、主体与历程,呈现出制度拼图与权威层叠的"交互并存"渐进性制度变迁特征。

2 理论基础

2.1 生态宜居理论

2.1.1 生态宜居内涵

生态宜居的内涵关系到生态环境、绿色农业,生态宜居的核心是绿色发展,生态宜居以尊重自然、顺应自然、保护自然,推动乡村生态资本的快速增值,实现百姓富、生态美的统一为目标。

生态宜居包含生态和宜居两方面的内容,"生态"包含生活环境和生态系统;"宜居"指能够满足农村居民日常生产生活需要,拥有一定的农村基础设施,实现人与自然的和谐。可以说,"生态"是"宜居"的基础条件,"宜居"是"生态"的状态延伸。居住形态演变是乡村振兴规划编制的核心要素,根据《乡村振兴战略规划(2018—2022 年)》,实现农村的生态宜居,要不打折扣地树立"绿水青山就是金山银山"的理论,并加以认真践行,持之以恒地尊重自然,和谐共处地顺应自然,清晰明确地保护自然,转变生产生活方式,协同解决生态宜居建设过程中的环境问题,建设生活环境整洁优美、生态系统稳定健康、人与自然和谐共生的生态宜居乡村。

1. 生活环境整洁优美

人们的生产和生活需要良好的环境,自然生态环境的好坏,直接影响人类生活质量水平的高低和生活环境的优劣。生活环境至关重要,需要做到整洁优美,具体体现在:系统管控自然环境中的生命共同体,保护好人类赖以生存的自然生态环境;通过大规模的国土绿化行动等多种措施统筹兼顾,推动生态环境治理现代化;充分考虑农业生产和村民生活对自然生态环境的影响,注重农业产业的布局,自然景观受季节变化的限制,对农业产业的发展会产生相应的影响,需合理规划农业产业布局,减少农业农村生产生活的污染行为,确保村民生活环境的可持续发展。

2. 生态系统稳定健康

生活环境整洁优美,有利于实现生态系统稳定健康,亦是实现生态宜居中人与自然可持续发展的重要保障。一个良好的生态系统,具备完善的组织体系、结构功能和发展要素,同时,还要拥有抗干扰的能力和快速稳定的能力,这样的生态系统才是一个健康稳定可持续的生态系统。要注重保护生态系统内部生物多样性,主动尊重自然的选择,对珍稀濒危野生动植物要有切实可行的保护措施,建立国家公园、自然保护区、湿地保护区等加强自然生态的保护,建设生态防护林等推动生态系统整体改善,建立健全生态保护预防修复长效机制。建立风险预警系统和应急处理机制,对重点生态系统进行全覆盖实时监测。

3. 人与自然和谐共生

人与自然是命运共同体,要尊重自然、顺应自然,充分保护好生态要素,从而保护自然,在保护自然中寻找发展机遇,实现人与自然和谐共生,建设人与自然和谐相处的生态宜居环境。一是坚决打赢蓝天保卫战。降低碳排放量,提高空气质量,进行重点行业绿色化改造,发展节能环保产业,发展绿色低碳经济。二是着力打好碧水保卫战。统筹水环境治理、水生态保护、水资源利用,增强水生态系统服务功能。三是扎实推进净土保卫战。通过土地污染专项整治,有效避免土壤污染和其他类型的环境污染,合理部署土地整理和置换,实现人与自然和谐相处。四是发挥自然资源多重效益。打造乡村生态产业链,盘活自然资源。在完善公共设施的过程中,应优先考虑对卫生设施和道路两个方面的布置。

2.1.2 生态宜居相关理论

1. 人居环境理论

人居环境,是人从事生产生活和居住休息的空间。人从开始时的被动依赖自然生态环境到通过主观意识对原有生态环境的人为改造,都是为了达到让环境更适宜人们居住的目的。因此,人居环境可以理解为是人类生产力提高后生存及生活方式的变化结果。人居环境理论就是将人与环境之间的关系作为研究的重点,通过对其研究使人类获得更加舒适的居住条件而对环境造成的影响达到最小,从而实现为人类创造更加理想的居住环境服务的目标。

人居环境理论把人类所聚居的环境能够满足人发展的需要作为核心观点。该理论将人居环境从空间规模方面划分为五个层次:一是建筑;二是社区;三是城市;四是区域;五是全球。人居环境还可从内容上划分为五大系统,包括自然系统、人类系统、社会系统、居住系统、支撑系统等。其中,自然系统是基础与前提,人类系统主要体现人与物质的关系,社会系统是指文化和制度,居住系统为人提供活动场所,支撑系统是将人与自然联系起来,不断为人提供服务。农村人居环境整治须因地制宜,梯次推进,考虑到五大系统在村庄中的布置,以创造舒适的人居环境,满足当地村民和旅游者的生活文化需求。

2. 生态社区理论

生态社区理论认为,生态社区是社区可持续发展的理想模式。建设生态宜居村庄就是要实现在村庄的建设与管理中将生态学的思想贯穿其中,生态社区以维持原有社区的生态系统平衡,实现和谐、高效和良性循环为目标,它更加强调在村庄和居住空间的建设中人与人、人与自然、人与社会的和谐,强调可持续、长期的发展,体现绿色技术的应用和管理。生态社区理论的目标是创造一个生态的宜居的环境。我们可以通过绿色技术和新能源技术,充分利用资源,减少废弃物的排放。当生态环境理论广泛地推广到村庄的规划设计中时,它能够将环境与人的需要相结合,设计出因地制宜的地域生态系统,使之成为一个有机的整体。在资源利用上,通过绿色技术挖掘和利用村庄的绿色优势资源,例如,利用太阳能、风能等。实现雨污分流集中收集,统一处理,二次利用。

3. 可持续发展理论

可持续发展理论指既能够满足当代人生产生活的需要，又能不影响子孙后代的发展需要，进行可持续发展。1987 年，世界环境与发展委员会曾召开了一次意义深远的大会，全面阐述了"可持续发展"的概念。可持续发展理论的内涵包括社会发展、经济发展和环境保护三方面的内容，将这三者的关系协调好，就更易实现可持续发展的目标。

我们应秉持可持续发展的理念，运用更加合理的改造手段，提升农村建筑的功能性与观赏价值。因此，在乡村的设计中，要保护自然，适应自然，尊重自然，保证乡村的生态环境不被破坏，通过挖掘乡村的优势产业来促进经济的发展。传承发扬乡村的传统和文化，让特有的文化理念成为推动乡村产业发展的源泉。

2.2　可持续发展理论

2.2.1　可持续发展定义

"持续"一词来自拉丁语，意思是"维持下去"或"保持继续提高"。资源与环境，应该理解为保持或延长资源的生产使用性和资源基础的完整性，这意味着使自然资源能够永远为人类所利用，不致因其耗竭而影响后代人的生产与生活。

自从"可持续发展"的概念提出后，专家对此概念进行了研究，不同研究领域的学者都是从本学科出发，进而扩展到相关领域。不同学者和不同组织对可持续发展概念的理解不同，所下的定义也各有不同。

1. 侧重于生态方面的定义

1991 年，世界自然保护联盟对可持续发展给出了这样的定义：改进人类的生活质量，同时不要超过支持发展的生态系统的负荷能力。同年 11 月，国际生态学联合会和国际生物科学联合会共同举行的可持续发展研讨会将可持续发展定义为：保持和加强环境系统的生产和更新能力。Forman 则认为可持续发展是寻求一种最佳的生态系统，以支持生态系统的完整性和人类愿望的实现，使人类的生存环境得以可持续。Robert Goodland 等则将可持续发展定义为"不超过环境承载能力的发展"。

侧重于生态方面的可持续发展定义，强调了发展要限制在生态系统允许的范围内，其实质就是资源的开发不要超过生态系统的最大可持续产量，也就是保持生态系统的可持续性。

2. 侧重于经济方面的定义

Barbier 把可持续发展定义为：在保持自然资源的质量和所提供服务的前提下，使经济的净利益增加到最大限度。Pearce 将可持续发展定义为：在自然资本不变的前提下的经济发展。世界资源研究所将可持续发展定义为：不降低环境质量和不破坏世界自然资源基础的经济发展。

侧重于经济方面的可持续发展的定义，认为可持续发展的核心是经济发展，强调的重点是经济的可持续性。

3. 侧重于技术方面的定义

Spath 认为：可持续发展就是转向更清洁、更有效的技术，尽可能接近零排放或密闭式工艺方法，尽可能减少能源和其他自然资源的消耗。世界资源研究所认为：可持续发展就是建立极少产生废料和污染物的工艺或技术系统。

侧重于技术方面的可持续发展的定义，主要从技术选择的角度扩展了可持续发展的内容，这个定义的局限性主要在于它偏重于生产领域，特别是工业生产领域，可以理解成一个狭义的可持续发展的定义，将该定义理解为工业可持续发展的定义可能更为贴切。

4. 侧重于社会方面的定义

莱斯特·R.布朗认为可持续发展是指人口趋于平稳、经济稳定、政治安定、社会秩序井然的一种社会发展。Oinsh 认为可持续发展就是在环境允许的范围内，现在和将来给社会上所有的人提供充足的生活保障。

侧重于社会方面的可持续发展的定义包含了政治、经济、社会的各个方面，是一种广义的可持续发展的定义。

5. 侧重于世代伦理方面的定义

世界环境与发展委员会在其重要报告《我们共同的未来》中给出的定义，即可持续发展就是在满足当代人需要的同时，不损害后代人满足其自身需要能力的发展。这个定义着重从代际间的公平和社会平等的角度，对可持续发展进行了高度概括。

6. 侧重于空间方面的定义

杨开忠认为可持续发展不仅要重视时间维度，也要重视空间维度，而且空间维度是其质的规定，可持续发展的定义应该体现这一规定性。他认为可持续发展可定义为：既满足当代人需要又不危害后代人满足需要能力，既符合局部人口利益又符合全球人口利益的发展。

7. 侧重于人与自然相协调方面的定义

1995 年召开的全国资源、环境与经济发展研讨会给可持续发展下的定义是：可持续发展的根本点就是经济、社会的发展与资源、环境相协调，核心就是生态与经济相协调。另一种定义认为：可持续发展是谋求在经济发展、环境保护和生活质量的提高之间实现有机平衡的一种发展。

侧重于人与自然相协调方面的可持续发展的定义，可以说是具有中国特色的可持续发展的定义，它是中国古代"天人合一"思想的继承与发展，其实质就是生态与经济协调发展。

8. 国际社会普通接受的可持续发展概念——布伦特兰的可持续发展的定义

1987 年，世界环境与发展委员会发表了长篇专题报告《我们共同的未来》，报告系统地阐述了人类面临的一系列重大经济、社会和环境问题，提出了"可持续发展"的概念。这一概念得到了广泛的认可。布伦特兰夫人提出的可持续发展的定义是：既满足当代人的需求，又不对后代人满足其自身需求的能力构成危害的发展。

从根本上说，可持续发展概念包括三个基本要素：需要、限制、平等。其中，需要是指发展目标满足人类需要；限制是指社会组织、技术状况对环境能力施加限制，限制因素包括人口数、环境、资源，即生命支持系统；平等是指当今世界不同地区、不同人群之间的平等。

2.2.2 可持续发展内涵

可持续发展的重要特征是可持续性，它包括了社会、经济和环境的可持续性，具体如下：

① 可持续发展尤其突出强调的是发展，应把消除贫困当作实现可持续发展的一项不可缺少的条件。发展是可持续发展的核心和前提，发展不限于增长，持续依赖发展，发展才能持续。

② 可持续发展认为经济发展与环境保护相互联系、不可分割，并强调把环境保护作为发展过程中一个重要组成部分，作为衡量发展质量、水平、程度的标准之一。

③ 可持续发展还强调国际之间的机会均等，指出当代人享有的正当的环境权利，即享有在发展中合理利用资源和拥有清洁、安全、舒适的环境权利，后代人也同样享有这些权利。

④ 可持续发展呼吁人们改变传统的生产方式和消费方式，要求人们在生产时要尽量地少投入多产出，在消费时要尽可能地多利用少排放。这样可减少经济发展对资源和能源的依赖，减轻对环境的压力。

⑤ 可持续发展要求人们必须彻底改变对自然界的传统认识和态度，把自然看作人类生命的源泉和价值的源泉，尊重自然，善待自然，保护自然。这正如哥白尼发现了地球不是宇宙的中心，在文明史上具有伟大的变革意义，那么研究生物生存发展的今天，承认人类不是自然界的中心，同样具有伟大的变革意义。

2.2.3 可持续发展原则

1. 公平性原则

可持续发展所追求的公平性原则，包括代际公平和代内公平（当代人的公平）。

代际公平指的是当代人与后代人之间的公平，强调在发展问题上要足够公正地对待后人，当代人的发展不能以损害后代人的发展能力为代价。要认识到人类赖以生存的自然资源是有限的，人类各代对于共同生存的地球上的资源、空间，拥有均等的享用权利和发展机会。

代内公平（当代人的公平）指的是代内的所有人对于利用自然资源和享受清洁、良好的环境享有平等的权利。代内公平强调的是任何地区、任何国家、任何民族的发展不能以损害别的地区、别的国家、别的民族的发展为代价。当今社会一部分人富足，另一部分人处于贫困状态，这种贫富悬殊、两极分化的世界不可能实现可持续发展，要把消除贫困作为可持续发展进程中优先考虑的问题。

公平性原则还包括人与自然的公平性，人类的发展要公平地对待自然，在自然限度范围内利用自然。

2. 持续性原则

持续性原则的核心思想是指人类的经济建设和社会发展不能超越自然资源与生态环境的承载能力。这意味着可持续发展不仅要求人与人之间的公平，还要顾及人与自然之间的公平。资源和环境是人类生存与发展的基础，离开了资源和环境，就无从谈及人类的生存与发展。可持续发展主张建立在保护地球自然系统基础上的发展,因此,发展必须有一定的限制因素。人类发展对自然资源的耗竭速率应充分顾及资源的临界性,应以不损害支持地球生命的大气、水、土壤、生物等自然系统为前提。换句话说,人类需要根据持续性原则调整自己的生产、生活方式,确定自己的消耗标准,而不是过度生产和过度消费。发展一旦破坏了人类生存的物质基础,发展本身也就倒退了。

3. 共同性原则

鉴于世界各国历史、文化和发展水平的差异,可持续发展的具体目标、政策和实施步骤不可能是完全一样的。但是,可持续发展作为全球发展的总目标,体现的公平性原则和持续性原则,则是应该共同遵从的。要实现可持续发展的总目标,就必须采取全球共同的联合行动,认识到我们的家园(地球)的整体性和相互依赖性。从根本上说,贯彻可持续发展就是要促进人类之间及人类与自然之间的和谐。如果每个人都能真诚地遵守共同性原则,那么人类内部及人与自然之间就能保持互惠共生的关系,从而实现可持续发展。

4. 和谐性原则

可持续发展的思想所要达到的理想境界是人与人之间以及人与自然之间的和谐,这就要求每个人在考虑和安排自己的行动时也要考虑到自己的行动对他人、后代人及生态环境的影响,从而在人类内部及人类与自然之间建立起一种互惠共生的和谐关系。

5. 协调性原则

根据可持续发展的思想,良好的生态环境是可持续发展的基础,经济的发展是可持续发展的条件,稳定的人口是可持续发展的要求,科技进步是可持续发展的动力,社会发展是可持续发展的目的,因而经济、环境、人口、社会、科技应协调发展。

2.2.4　人居环境可持续发展

1. 理论来源

人的各种活动离不开建立的人居环境,人居环境是人类赖以生存的基地,是人类利用自然、改造自然的主要场所。随着我国经济的持续发展,经济和环境之间的矛盾日益突出,受环境恶化影响,人居环境受到负面影响,经济发展也受到反噬,建设环境友好型社会已成为经济发展的社会共识及重要前提。今天我们在进行人居环境建设时,应该在可持续发展思想的指导下,对自然环境进行合理开发。只有人类与自然环境共同和谐发展,我们才能建设可持续的人居环境。因此,人居环境可持续发展理论是可持续发展理论与人居环境科学的有机结合。人居环境可持续发展的内涵是指整个现代社会的生态、经济、社会诸方面都得到发展,它可以概括为生态发展、经济发展和社会发展三个方面。

2. 人居环境可持续发展与生态环境、社会、经济的相互关系

人居环境可持续发展不是指单纯的经济发展,而是生态、经济、社会三者相互联系、相互适应、相互协调的发展,因此人居环境的可持续发展与生态发展、经济发展和社会发展三个子系统有着紧密的相互制约关系。

首先,可持续发展的人居环境意味着人居环境的三个子系统的可持续发展。依据系统的观点,人居环境是由生态发展、经济发展和社会发展这三个子系统组成的复合系统,整体

系统发展的可持续,必须建立在各个子系统可持续发展的基础之上。自然生态系统有多种要素,包括气候、大气、水、土地、植物、动物、地形以及各种环境资源等。由于自然生态系统包含了诸多不可再生的自然资源和不可逆的自然环境,因此自然系统的可持续发展主要意味着自然资源与自然环境在保护与利用之间的平衡。人是自然界的改造者和人类社会的创造者,按照马斯洛人类需求的分析,人类系统发展的可持续意味着人类在满足生理需求后,继而向满足安全需求、归属与爱的需求、尊重需求和自我实现的需求递进持续地发展。

社会是人与人在相互交往和共同活动过程中形成的相互关系。社会系统发展的可持续意味着社会朝着社会关系融洽、人口质量好、社会文化丰富、经济迅速发展、社会福利丰富、公共管理和法制健全等方向发展。经济系统的发展是环境改善的保障基础,反过来人居环境的改善也有利于经济的发展。

其次,可持续发展的人居环境意味着三个子系统在相互作用的过程中,形成的一系列关系的有机发展。人居环境三个子系统并非一成不变的,它们在发展的过程中逐渐形成了自然环境与人文环境、物质环境与精神环境、历史环境与现实环境、政治环境与经济环境等一系列既矛盾对立又相互统一的关系。人居环境的可持续,就意味着这些关系中的因子和谐发展。人文环境衍生于自然环境,而人文环境的发展也会带动自然环境的更新发展;物质环境的发展引起精神环境层面的进步,精神环境的进步反过来也促进物质环境的发展;历史环境的积累产生现实环境,现实环境的发展则会促进对历史环境的进一步研究;政治环境的发展指导经济环境的建设,而经济环境的建设也会带动政治环境的建设。总之,只有这些关系的有机互动、持续发展,才能促使人居环境子系统的可持续发展,进一步促进人居环境整体系统的可持续发展。

最后,人居环境可持续的关键就在于人类子系统与自然子系统的和谐发展。可持续人居环境实质上就是人地关系的协调发展。人居环境发展的过程中,一直是以人类子系统和自然子系统的作用为核心的。无论是原始社会的筑巢为居,还是现代社会人们为解决人居问题所尝试的种种努力,其实都是人类改造自然的过程。在这个过程中,社会系统、经济系统和生态环境系统也相应得到了衍生。自然界本身就是一个既庞大又复杂的系统,只有保持人类与这个系统的平衡,才能使得人类生存居住的这一载体持续发展。人地系统是人与其生活环境之间相互作用、相互依存而构成的一种复杂有机体,它包括自然、经济和社会三个子系统。人类因为居住在地球上,依赖于环境而生存,所以就产生了人地关系。因此,人居环境的可持续实际上就是要求人地关系协调发展。

中国人早在几千年前就以不凡的智慧在自然与人的碰撞中感悟到天人合一的哲学思想。不同的学派间对类似思想的表述也不尽相同。儒家讲:天地与我并生,万物与我为一;道家讲:道法自然,返璞归真。他们的思想均强调人与社会、自然的和谐,两者差异只是在于儒家重人道,道家重天道。返璞归真的生活才有意思,生活才会同生命相和谐。以保护生态为中心的世界观表达的就是返璞归真的生活。这既是一种富有创造力和想象力的生活,也是一种同自然界、宇宙生命力量相联系的生活。"天人合一",它既是一种宇宙观,也是一种道德观。树立起人居环境可持续发展的观念,就为今后的城市规划与建筑设计、人居环境的改善与创新指明了方向,明确了实现途径。

2.3 共同治理理论

2.3.1 共同治理内涵

20 世纪 70 年代末,工业革命时期适用的科层管理理论已经很难适应当前信息化发展需求,政府机关因其机构臃肿、官僚主义、效率低下等问题而饱受质疑,传统的治理模式面临困境。欧美等多国开始了以改革政府为核心的"新公共管理"运动。其中,奥斯本强调政府应该以企业家的精神治理国家,政府的主要作用是掌舵而不是划桨。奥斯特罗姆夫妇提出了"共同治理理论",他们认为治理不应该由政府单个独导,而是应该由多方主体共同参与,政府与各主体之间共同协商治理公共事务。政府、市场、社会等多元主体之间应该是平等协商的关系,不应该是命令服从的关系。共同治理将治理权力分散到多个主体,极大地提升了多元主体参与公共事务治理的积极性,充分反映了多元利益诉求,有利于推动社会和谐民主的发展。共同治理在我国基层治理实践中发挥着明显的作用,有效地化解了政府单边治理应对的许多难题。同样的,近年来我国学者将共同治理理论引入连队人居环境治理的相关研究,例如樊翠娟认为政府单边模式难以满足当前连队人居环境治理的需求,并提倡用共同治理理论解决当前问题。随着社会的发展,居民对人居环境的需求日趋多元化和差异化,单边的政府治理的效率明显较低,甚至人居环境的供给与居民需求存在不相称的情况。多方主体与政府共同治理,能够更好地反映居民的意愿,避免政府无效供给。同时,政府也可以引入第三方,政府和社会机构合作治理,把乡村生活垃圾处理、污水处理等项目交给专业的公司,提高治理连队人居环境的质量和效率,减轻了政府治理负担。从共同治理这个角度看,不仅提高了政府的治理效率,也推动了连队人居环境治理向着更加高效方向转变。

2.3.2 共同治理类型

1. 中央地方共同治理

随着社会经济的不断发展,之前相对独立的政府间纵向关系,如中央与地方关系等,也开始走上相互依赖、相互合作、上下联动的轨道。"经济、集中和迁移已经使中央与地方关系的重新调整成为必要"。在深化简政放权、放管结合、优化服务改革,加快转变政府职能的要求下,中央政府和地方政府在一些领域呈现"伙伴化"的合作发展趋势,由中央垂直控制到地方扩权,再到中央与地方的合作,都体现了这一趋势。许多学者都在运用社会学、政治学、法学、历史学、统计学、经济学等多元交叉学科的理论和研究方法,对中央和地方关系进行研究,尤其是改革开放以来,我国学者对政府间关系的研究呈现一片繁荣景象,不同领域的学者都从各自研究领域的视角和维度出发对中央和地方关系进行探索和诠释。总体而言,中央和地方的权责还未得到科学化的分工和制度性的规定保障,中央与地方之间更多是依靠财权和事权的行政博弈,而非制度框架,这就容易造成中央与地方之间出现潜在的模糊空间。同时,中央和地方的关系也依赖于国家和社会关系的变革,在转变政府职能的倡导下,中央和地方政府应更好地承担起公共服务和社会管理的职能,将部分其他职能逐步让渡给社会和市场。

2. 跨区域共同治理

各个国家往往将领土划分为多个层级的行政管理区域,并设置地方政府。但是,这种传统延续下来的边界清晰、壁垒分明的传统行政区划模式,已无法满足日益多样和复杂的公共事务的需求。因此,我国采用了包括制定区域规划、"河长制"等在内多种手段来进行区域统筹和引导。近年来,地方政府也在跨区域合作治理方面进行了积极有益的探索。其中,较为常见的措施是建立区域间政府沟通和合作平台,如政府联席会议的开展就打破了政府的边界,促进了区域政府的沟通和协作。

3. 政府与社会组织的共同治理

在历史上,政府作为公共权力的载体,一直被视作公共事务管理的唯一负责人。随着经济社会的不断发展,政府逐渐暴露出低效以及无法有效地满足民众需求等问题。自 20 世纪 80 年代以来,人们开始对单一化的公共事务管理模式进行反思,并开始产生以善治为目标的治理模式的变革。这意味着,政府开始由最早的公共事务负责人的角色转变为主导者的角色,新兴的非营利机构开始作为公共事务的参与者与政府进行合作,分担政府对公共事务管理和提供公共服务的责任,有效地弥补了政府治理的不足和失位。

4. 公共治理

公众参与城市治理从 20 世纪 60 年代开始在英美等国进行探索性的应用,后来逐渐成为城市发展的重要组成部分,不断推进城市规划的进一步发展。

英国城市规划过程中的公众参与:颁布了城乡规划法来积极推进公众参与,通过公众审核、调查会、公众审查和现场接待等方式参与,主要以社区组织、市民团体、各区规划局和委员会等为主体进行参与,其中规划师主要负责资料意见收集分析、规划编制、民主协商和意见处理汇总等;决策实体是环境事务大臣、地方规划局和相关人员等,环境事务大臣、监察人员、法院等负责规划执行的监督。

德国城市规划过程中的公众参与:颁布了建设法典来推进公众参与,公民主要通过查看公告、宣传册和参加市民会议等方式进行参与,相邻区政府代表、公共管理部门和公共利益团体等作为公众参与组织,规划师负责规划决定、方案宣传、方案编制、组织座谈和意见处理反馈等,社区管理机构官员、上一级管理机构是重要的决策主体,市民参与意见书作为重要的参考依据,法院、上级规划管理部门作为规划执行的监督部门。

3 研究思路与方法

目前,农村人居环境整治工作存在基础调查不全面、不了解基层需求、没有根据农村发展特点构建差异化治理体系等问题。为解决实际问题,因地制宜地构建西部地区农村人居环境整治体系,首先要对农村人居环境发展的研究进展进行梳理与评述,参考当前研究选取评估因子,并使用田野调研法、问卷调查法、访谈法等,从全域范围内展开现状建设水平的摸底评估工作。其次,通过问卷调查法与结构方程模型展开居民对人居环境的满意度调查,针对评估和调查结果,对各个农村进行分类,进而明确其发展功能定位。最后,根据各个农村的人居环境建设特点将其划分成不同类型,完善整治发展路径,实现差异化发展。

3.1 农村人居环境建设水平评估研究

3.1.1 建设水平现状摸查

农村人居环境建设水平的前期现状调查主要分为基础数据和实地调研两方面。基础数据通过网络信息、政府报告、国家乡村振兴大数据、地理信息系统等渠道获取,并结合农村发展特征,进行客观数据分析。实地调研则需要走进农村,对卫生环境、住房形式、基础设施等进行建设水平评估。同时,可走访村民及村干部,利用问卷调查、访谈等形式,了解不同群众对人居环境建设的满意度和期望值。将以上主客观数据相结合,更有利于我们全面、多维度地评估农村人居环境建设水平,为后续环境整治工作奠定基础。目前,基于对农村建设水平现状摸查的研究方法有以下几种:

(1)田野调查法

田野调查法即结合年鉴数据的整理,对农村人居环境建设阶段、发展水平(环境卫生状况、厕所革命、基础设施完善程度、村容村貌质量、社会服务状况)展开实地调研。

(2)问卷法

问卷法即事先制作统一格式的问卷,一部分问卷通过发动村民在网上填写,一部分问卷通过实地走访发动村民填写。收集关于农村人居环境治理工作过程中群众的满意度以及意见和建议的信息,有效获得研究所需的第一手数据,通过分类和逐项剖析,进行系统化的整理,在已有资料基础上开展综合性的分析。

(3)访谈法

访谈法即为了更全面地了解治理现状,对与农村地区人居环境治理相关的政府部门工作人员和村干部以及村民开展结构化采访,以补充在调查中所缺乏的部分信息,为研究工作提供更多的资料。

3.1.2　基础数据获取

1. 区位特征

区位特征分析贯穿了农业生产、工业生产、乡村建设、交通运输、商业金融、旅游业等生产和生活的各个领域。西部地区的农村人居环境整治需要根据其复杂特殊的地理环境,因地制宜、循序渐进地稳步推进。如果人居环境整治采取"一刀切""齐步走"等策略,既增加农村人居环境整治提升的工作成本和额外负担,也对"政府主导、农民主体"的主体关系构造产生不利影响。另外,不同的地区有不同的人文环境,西部地区基层乡村群众的公共卫生理念、生态环保意识、绿色生产生活方式与理想情况差距较大,加之其对政策的理解认同程度不深,增加了人居环境整治提升的落实难度。所以在农村环境治理前,对各个农村区位特征分析尤为重要,其主要包含以下几个方面内容:

① 地理区位。调查村子所处的地理位置、所属地区、人文环境、气候条件、地形、河流、城镇规模、村与村或村与城之间的距离等信息。

② 内部规划。调查村子周边情况,包括建筑、景观、内部各规划区域用地类型以及红线、控制线、退线等。

③ 肌理特征。调查村中内部轴线关系、公共空间、建筑、街巷密度、朝向、间距、布局、风格等。

④ 社会经济。分析村子独特的资源(石油、有色金属等)与优势以及不利条件;交通运输情况(公路、铁路、河运);政治、军事、宗教情况;科技、旅游、农业发展情况。

⑤ 区位景观环境。调查村落中噪声环境、绿地系统、地标设施、视线分析等。

⑥ 区位优势与限制。分析区域独特的资源与优势以及不利条件等。

2. 人口特征

农村人口特征调查的目的是全面掌握农村人口的基本情况,为研究制定人口政策、经济社会发展规划和农村环境整治措施提供依据,对促进经济社会又好又快发展和人的全面发展具有十分重要的现实意义。农村人口特征调查的主要内容包含以下几个方面:

① 人口规模。调查村子现有人口数量、家庭户人口数量、流动人口数量、常住人口比重、人口地区分布;出生率、死亡率、自然增长率、常住人口城镇化率、户籍人口城镇化率等。

② 人口结构。调查村中男女人口数量、各年龄段人口数量、各民族人口数量、老龄化程度、受教育程度等。

③ 人口就业。调查非农产业从业人员占农村劳动力比重、农村专业合作社从业人员占农业产业劳动力比重、种植大户耕种面积占村中总耕地面积比重等。

3. 经济水平

农村经济水平统计调查是对辖区内农业、工业、建筑业以及第三产业及其发展情况的调查、分析。农村经济水平统计有利于及时获得各种经济信息,提供咨询服务工作,便于乡镇企业加强经营管理,为广大农户因地制宜地安排生产经营,提高经济效益服务。在具体的调查中应包含以下 4 个方面的内容:

① 村生产总值、人均生产总值、总产值增长率、单位土地生产总值。

② 第一产业增加值、第二产业增加值、第三产业增加值、第一产业增加值占 GDP 比重、第二产业增加值占 GDP 比重、第三产业增加值占 GDP 比重、工业技术进步率、农业技术进步率。

③ 能源消费总量、单位 GDP 能耗、单位 GDP 能源消耗降低率。

④ 恩格尔系数、农民人均可支配收入、农村人均公共预算财政收入、公共预算财政预算收入增长速度、人均规模以上工业企业主营业务收入、人均限额以上批发零售贸易销售额、限额以上住宿餐饮业营业额及重点服务业主营业务收入。

4. 基本公共服务

基本公共服务的内容包括以下几个方面:

① 教育就业保障。包括农民工随迁子女接受教育比例;城镇失业人员、农民工、新成长劳动力免费接受基本职业技能培训覆盖率。

② 居民生活保障。包括自来水普及率、人均住房使用面积、农村社会养老保险覆盖率、农村合作医疗保险覆盖率、千人拥有医生数、千人拥有教师数、人均基础设施固定资产投资、千人公共文化体育设施数量、农民人均可支配收入、人均年生活用电量。

③ 基础设施保障。包括公共交通占机动化出行比例、农村公共供水普及率、污水处理率、生活垃圾无害化处理率、家庭宽带接入能力、社区综合服务设施覆盖率。

④ 人居环境保障。包括人均建设用地、农村可再生能源消费比重、绿色建筑占新建建筑比重、农村建成区绿化率、空气质量达到国家标准的比例。

5. 产业集群

产业集群是一项有利于区域经济发展的重要经济发展模式,能够有效地创建规模效益和范围效益,有利于提高产品的市场竞争力,还能够加强企业的融合联动管理,实现企业的信息产品交互。对于我国农村区域来说,以产业集群的发展模式带动当地经济发展是一项有利且可行的发展方略,故在进行乡村整治前也应了解各村产业集群情况,具体包含以下几个方面内容。

① 了解辖区内的本土资源特色、目前产业集群特征、引导相关产业融合发展的政策;产业的线上线下宣传方式、投入资金、回报率。

② 科技或农业技术的改进、农村企业发展速度、产业集群对企业发展的贡献。

③ 新型经营主体的管理能力、产业发展引导资金、相关产业融合发展政策的实施、劳动力文化程度。

④ 农户对产业融合的了解程度、农户满意程度、农户参与农村产业融合发展意愿及影响因素等。

⑤ 产业集群发展对村民就业岗位增长率、村民收入增长的影响。

3.1.3 实地调研

1. 资源禀赋水平

资源禀赋是指个体农户所拥有的资源,包括自然资源和已获得的资源和能力。农户的资源禀赋在其生产和消费决策中起着决定性的作用,农户可以充分利用资源禀赋,从而获得竞争优势,实现更高的经济产出。为了解农村的资源禀赋水平,在基础调查时应包含以下几个方面内容:

① 人力资源禀赋。调查村民家庭劳动力数量、户主的受教育程度、家庭成员是否有创业等经验。

② 社会资源禀赋。走访了解村民亲属情况、在村中的亲戚朋友。

③ 经济资源禀赋。了解村民的家庭收入、贡献收入的家庭成员数量、支出金额与支出项目份额等。

④ 自然资源禀赋。调查耕地和水资源面积、距离乡镇的情况;了解村中自然资源的种类与数量。

⑤ 旅游资源禀赋。调查村庄是否有星级农家乐或星级旅游景区;走访村民是否了解本村存在的旅游资源、文化元素。

2. 环境卫生状况

农村环境卫生,不仅影响村容村貌,也关系着广大群众的居住生活质量,加强农村环境卫生治理工作,是提高村民幸福指数、建设美丽乡村的重要抓手。美化农村卫生环境,能让农民在较短时间内看到生活环境的变化,享受到良好的人居环境,提高人民群众幸福感、满意度。在调查农村环境卫生状况时应包含以下几个方面内容:

① 调查是否及时和彻底地清理生活垃圾、建筑垃圾和道路两侧垃圾;村中是否建设垃圾收运和集中处置设施、垃圾收运情况、垃圾处理的主要方式;了解村民对村中垃圾处理方面的满意度及建议。

② 摸查村中有无明显露天粪坑、污水横流等情况;有无过多的水面漂浮物;是否对辖区内河道、鱼池、水塘、水沟的漂浮物定期打捞。

③ 调查村中是否整顿违法、违规及有碍的广告牌;有无乱贴乱画、乱拉乱挂现象。

④ 调查村内有无散养家畜的情况,农户饲养的家禽是否都实行圈养,做到不散养、不放养。

⑤ 了解村民对村中环境卫生方面的满意度及改进建议。

3. 住房规划

合理的农村住房规划有利于改善村民的居住环境,不仅村容村貌得到了极大的改变,而且农民的居住环境也改善了,有利于提高村民的生活水平,使村民的生活更加便利。在住房规划的摸底调查中应包含以下几个方面内容:

① 摸查村中是否进行过统一的住房规划,现住房屋建设年代、形式;了解村民的房屋住房建筑面积、庭院面积、居住时长;了解居民的住房意愿及对现有住房的满意度。

② 调查村中砖混结构住房比例、人均砖混结构住房面积、户用卫生厕所普及率、新居推广率等住房指标。

③ 摸查危房是否进行维修加固、重建;废弃老旧房屋是否及时拆除。

④ 调查村中是否改变大棚房、彩钢瓦房的生产用途,将其作为生活住宅。

4. 厕所革命

厕所革命这个概念是联合国儿童基金会提出来的,目的是改善发展中国家的卫生状况。

对厕所卫生的改善直接关系到一个国家居民的健康,厕所反映的文明指标也是衡量当地卫生健康的一个指标。开展厕所革命可以减少卫生疾病的传播,改善农村人居环境现状,完善农村公共卫生服务供给体系,还可以促进乡村振兴战略目标的实现。

在前期进行"厕所革命"情况全面摸底时,应不局限于"厕所"本身,而是包括厕屋建设、自来水管道铺设、污水管网建设、垃圾处理、粪污处理、生态环境处理等多种情况并涉及城市、农村、旅游区、高速公路等多个领域。具体包括以下几个方面内容:

① 了解参与改厕农户的实际情况,具体包括性别、年龄、学历、家庭人口构成、经济水平、参与改厕的积极性、厕所的使用情况、对改厕的满意度等。

② 对辖区近几年内新建卫生厕所的数量、使用情况、粪污处理方式、配套设施建设情况、后期管护方式等进行调查。

③ 对已经改厕的农户面临的问题进行调研,了解部分农户没有进行改厕的具体原因。

④ 对辖区干部进行访谈,了解辖区是从什么时候开始启动改厕工作的,具体经历了哪些阶段;改厕过程中,其他主体,比如农户、企业、专业团队参与度如何,有哪些问题;当前改厕工作还存在哪些不足。

⑤ 对辖区农户进行访谈,了解农户参与改厕工作的主动参与性;调研改厕工作有哪些需要改进的地方;调查了解干部在改厕工作中的政策执行力怎么样。

5. 基础设施

农村主要有交通、水利工程、农村电力、农村能源、农业产业、农村市场、文化、卫生、教育建设等基础设施,其中道路建设、给水排水工程建设、电气设备建设最为重要,在具体调查时应注意以下几个方面内容:

① 道路建设。调查村中是否建设完整的公路网;是否有人车分流的道路规划;道路是否合理、安全、经济、舒适;了解主要道路硬化情况、车行道路通行情况、人行道路铺设情况;了解村民出行的主要交通工具、村民对现有道路建设的满意度及意见。

② 给水排水工程建设。调查村中是否每家每户供应自来水,自来水供应的具体情况;摸查排水设施是否完善,村中主要的排水方式有哪些;了解村民对于现有的用水和排水方面有哪些问题及建议。

③ 电气设备建设。摸查村中是否有完备的路灯照明设施、日常停电情况;村中是否集中供暖,供暖方式有哪些;走访村民了解供电和供暖存在的问题及改进建议。

6. 村容村貌质量

村容村貌质量评价主要聚焦农村环境卫生"脏、乱、差"问题,以主干道路、通村道路沿线、村庄周边、庭院内外、养殖小区等为重点,以清除"四堆"(土堆、粪堆、草堆、垃圾堆)为主要内容,坚持镇、村、组三级联动,集中时间、人力,开展环境卫生整治活动,使农村环境卫生明显改观,村容村貌建设明显提升,群众卫生意识明显提高,环境卫生整治长效机制得到建立。在具体调查时应着重包含以下几个方面内容:

① 调查村庄内部是否实现街道美化和绿化、植物种类丰富程度以及村民对景观营造的满意度。

② 了解内部建筑外立面是否进行了整治或改造,是否存在违法乱建的建筑;走访了解村民对院墙或门头的改造意愿。

③ 走访了解村民对公共空间的印象,村民对现有公共空间的满意度及改进建议。

7. 社会服务状况

农村社会公共服务是指由政府及其他机构为农业经济生产、农村社会发展和农民日常生活提供的各种服务的统称,包括农村公共卫生医疗服务、农村社会保障服务、农村公共文化服务、农村公共信息服务、农村科技推广服务、农村公共交通服务、农村社会管理服务等。在具体调研时,应包含以下几个方面内容:

① 卫生健康服务。了解辖区卫生健康普及情况并对服务水平进行评估;走访村民,调查是否向村民开展过卫生健康知识宣讲活动,开展频率、村民满意度及健康知识利用率等情况。

② 医疗保障服务。对辖区农户进行走访,调查了解村民日常看病的就诊地点及相对距离、就诊方便程度、医疗资源是否能够应对日常病患和突发事件以及村民对医疗服务的满意度;对辖区干部进行访谈,了解是否完善农村地区医疗保障服务网络,做好困难群众医疗救助工作;当前医疗保障工作还存在哪些不足。

③ 就业和社会保险服务。调查辖区村民外出和本地就业情况,村委会等组织是否开展就业培训、就业帮扶等活动;走访村民了解参加社会保险的实际情况与存在问题。

④ 警务和法律服务。走访村干部,了解是否按要求开展农村警务工作,推动普法宣传、人民调解、法律援助等服务全覆盖;了解村民对警务和法律工作有哪些建议及有哪些需要改进的地方。

⑤ 应急和社会心理服务。调查辖区是否组织用气、用电、用火以及地震、洪灾、火灾等监测预警工作;是否加强应急物资储备保障,开展群众性安全宣传教育和应急演练活动。

⑥ 文化、体育和教育服务。了解村民是否有参与日常文化活动、科学健身的场地,村民对开展科普宣传教育服务的满意度;调查了解幼儿园及小学的普及情况、就读地点以及上学距离等情况;走访了解村中是否建设了老年教育学校、家长学校等服务站点。

⑦ 生活服务。走访了解是否按要求推进邮政、电信等公共事业服务进村入户;村中是否建设有购物超市、客运站点、公共照明等设施;了解村民日常购物地点、购物频率、商品是否满足需求以及村民对生活服务设施的满意度。

⑧ 生产服务。了解村中是否经常开展农业科技服务下沉到村等惠民活动,村民是否了解创新农村普惠金融服务机制以及对生产服务的改进建议。

3.1.4 评估体系构建

人居环境建设水平评价的目的,是在"以人为本"的发展理念下,对特定的农村人居环境的质量进行定量评价,以揭示农村人居环境的真实状态、主要短板和改进措施。

1. 指标选择

因研究指标、研究视角、研究内容不同,不同层次的评价和研究目的存在一定的差异。如 Misty Lee Heggeness(2004 年)收集了十年跨度内的地理、性别、种族、经济的数据,运用综合分析方法分析了亨内平县人居环境的宜居性水平;李益敏等(2010 年)基于海拔、土地利用、交通、土壤质量等数据,用 GIS 对泸水县十年间的人居环境宜居性进行了探讨;李钰等(2011年)基于农村聚落、乡土建筑的空间演变,对陕、甘、宁的农村人居环境中的建筑、村庄聚落形态进行了定性研究;William T.Grunkemeyes 等(2011年)从经济、社会、环境多角度入手,对社区居民进行访问调查,对美国杰克逊维尔社区进行人居环境质量评价,提出有利于该社区人居环境质量提升的 5 个指标,即自然资源、教育水平、商业发展状况、娱乐活动场所、青少年主体等;常虎等(2019年)以村级区域为研究对象,构建评价体系,评估黄土高原乡村人居环境发展水平;孙慧波等(2019年)构建了农村人居环境理论分析框架,选取多项指标构建评价体系;王祺斌等(2020年)基于美丽乡村视角构建了以村庄为空间单元的平里店镇 6 个村庄人居环境客观评价指标体系,由产业兴旺、生态宜居、乡风文明、治理有效、生活富裕 5 个一级指标和31个二级指标构成,并采用综合指数测算法对村庄的人居环境客观指标予以评分,进行了质量分级;黄耀福等(2020年)以广东省 3 个样本县开展的乡村建设评价实践为案例,根据发展水平、服务体系、居住条件、生态环境、城乡建设五个指标,分析乡村建设取得的成效与不足;李思菁(2021年)选取农安县 S 村,通过深度访谈、参与观察、问卷调查等研究方法,从村民参与度、积极性、环境整治效果几方面进行村民参与乡村人居环境建设整治水平评估;鄂施璇(2021年)从韧性理论出发,从环境效益、基础设施效益、社会效益、经济效益、乡村治理效益 5 个维度构建了碧江区农村人居环境整治绩效评估体系。

农村环境整治评价指标及其引用频次见表3-1。

表 3-1 农村环境整治评价指标及其引用频次

一级指标	次级指标	研究区	引用频次
自然环境	植被覆盖率	安徽省马鞍山市太仓村	16
	降水情况	山西省临汾市尧都区农村地区	3
	水资源丰缺度	中国 9 个县(区、市)农村地区	9
	声环境质量	浙江省温州市平阳县万全镇	5
	主要水体水环境质量	安徽省 19 个县(区)35 个村庄	21
	村庄主要聚集区大气环境质量	江苏省泰州市河横村	15
污染控制	有毒气体排放量	安徽省马鞍山市太仓村	10
	危险废物收集处理率	国家美丽乡村建设试点区域	2
	人畜粪便处理率	河北省农村地区	2
	垃圾无害化处理能力	安徽省江淮地区农村	5
	工业废水排放量	河北省秦皇岛市农村地区	3
	工业废水处理率	河北省秦皇岛市农村地区	4
	工业废气处理率	浙江省温州市平阳县万全镇	2
	生活污水排放量	国家美丽乡村建设试点区域	1
	生活污水处理率	国家美丽乡村建设试点区域	1

一级指标	次级指标	研究区	引用频次
土壤环境	土壤环境质量	福建省农村地区	9
	农田土壤有机质含量	重庆市铜梁区农村	7
	水土流失程度	浙江省萧山区山一村	5
	受灾面积比例	浙江省绍兴市上虞区农村	3
	化肥施用强度	湖北省鄂州市杜山镇	13
	农药施用强度	湖北省鄂州市杜山镇	12
	农膜使用强度	湖北省鄂州市杜山镇	6
生物环境	生物多样性指数	四川省遂宁市大英县村庄	8
	入侵物种指数	福建省农村地区	1
生态农业	万元农业 GDP 能耗	重庆市铜梁区农村	2
	人均耕地占有率	福建省龙岩市礼邦村	10
	农作物秸秆利用率	河北省农村地区	4
	农灌水污染综合指数	山西省临汾市尧都区农村地区	3
	农村灌溉达标率	山西省临汾市尧都区农村地区	5
	年日照时数	浙江省绍兴市上虞区农村	2
	畜禽养殖废弃物综合利用率	全国农村地区	5
	环保投资比重	国家美丽乡村建设试点区域	4
	耕地退化与治理程度	河北省农村地区	10
生活设施	自来水普及率	湖北省鄂州市杜山镇	2
	饮用水卫生合格率	中国9个县(区、市)农村地区	6
	卫生厕所普及率	重庆市铜梁区农村	3
	生活污水处理率	福建省龙岩市礼邦村	4
	生活垃圾无害化处理率	安徽省江淮地区农村	3
	清洁能源使用率	云南省个旧市小甸头村	7
人口环境	人口自然增长率	浙江省萧山区山一村	3
	人口密度	湖北省鄂州市杜山镇	3
社会环境	人均绿地面积	河北省秦皇岛市农村地区	4
	农民人均纯收入	全国农村地区	2
	农村居民家庭恩格尔系数	湖北省鄂州市杜山镇	3
	农业产值	山西省临汾市尧都区农村地区	3
	村办企业能耗	国家美丽乡村建设试点区域	2

续表3-1

一级指标	次级指标	研究区	引用频次
基层民主	农民群众满意度	国家美丽乡村建设试点区域	3
	公众环保关注度	浙江省温州市平阳县万全镇	2

2. 评价方法

Fiddle(2011 年)从可持续发展的视角,运用层次分析法,构建了美国社区宜居性评价的指标体系;苗红萍等(2011 年)以新疆 6 个乡村地区为研究区域,运用模糊综合评价法,选取农村道路交通、农村垃圾处理、农村医疗和教育等 20 个指标的满意度来构建指标体系,对农村人居环境进行了综合评价研究;侯敬、王慧(2015 年)以山东省的 17 个农村为研究对象,采用主成分分析的方法,对相关区域的农村人居环境情况进行了客观评价;顾康康、刘雪侠(2018 年)以安徽省江淮地区农村人居环境为研究对象,采用全排列多边形综合指数法和空间自相关分析法对农村人居环境进行了综合评价;王成等(2019 年)基于 1997—2015 年重庆 37 个区县的年鉴统计数据,运用熵权法,从经济、生活、生态等 3 个方面对农村人居环境质量进行了深度评价,并得出重庆县域农村人居环境的空间差异特征;杨俊辉(2020 年)通过农户视角,运用熵值法,构建绩效评价指标体系,测算农村人居环境治理水平,并得出评级结果。

评价赋权方法比较见表 3-2。

表 3-2　评价赋权方法比较

方法名称	方法介绍	优点	缺点
层次分析法	将问题分解为不同层次的不同要素,根据要素的特征得出每层在整体中的权重	权重设置更具科学性,能综合系统地表达定性和定量因素	采用指标繁多,计算极为繁复
主成分分析法	对高维变量进行降维,将多个变量简化为几个综合指标,并客观地确定各指标权重	整个过程和数据结构得到简化,解决了指标之间的信息重叠,得到的结果客观合理	计算过程比较烦琐,并且评价结果与选取的样本指标的规模有关
熵值法	通过计算式逐步算出各项指标的熵值和权重等,最后算出综合评价值	可以有效避免主观赋权法的不足,有利于根据数据的客观规律找到差异	指标权重存在均衡化缺陷,数据质量会直接影响评价结果
变异系数法	通过求标准差与平均值的比值获得数据的变异系数	克服了指标权重均衡化的缺陷,在小尺度环境质量评价上具有可行性	过度依赖客观数据,未考虑评价指标之间的相对重要性

通过对文献的梳理,我们可以发现国内外学者对人居环境的相关理论研究较为成熟。目前已构建的指标体系中,各项指标之间既有共通性,也存在一定的差异,但基本是根据居住条件、经济产业、生态环境、公共基础设施、公共服务、卫生条件等维度构建指标体系。在研究方法的选择上,很多学者倾向于用问卷调查法、层次分析法、熵权法、模糊综合评价法等方法进行农村建设水平评估。通过我国西部地区农村环境研究发现,人居环境建设水平评价指标具有综合性和系统性的特征,内部由许多子系统组成。因此,本书先通过熵权法对问卷调查的指标重要性进行权重计算,再运用模糊综合评价法对农村人居环境建设水平进行综合评价。

3.2 农村人居环境整治水平满意度研究

评价人居环境的有效途径是以满意度为基础的公众反馈。因此,开展针对性的问卷调查,获取相关主体(如农户)对农村人居环境满意度的情况,是研究提升农村人居环境的关键。在对农村人居环境整治满意度的相关研究中,中国学者开展较早,主要从以下几个方面展开研究。

一是对农民满意度的测评研究。曹扬、葛月凤(2017年)从项目改造满意度、财力投放效率等农村人居环境整治过程的重点内容出发,评估上海市闵行区农民满意度。谢皖东等(2018年)从自然、社会、经济三个维度考察近郊空心村人居环境整治农民满意度,研究发现,农民对农村人居环境整治总体较为满意,对农田设施建设和农村产业发展满意度最高,对生态建设和道路建设满意度最低。郭剑英、李银花(2018年)利用四分图模型,从路桥、水利等基础设施和环保方面对农民的村庄整治满意度展开评价。郑华伟、胡锋(2018年)利用熵权 TOPSIS 模型测度农民视角下农村环境整治绩效水平,发现农民满意度存在地区异质性。王文豪(2019年)从农村生活垃圾治理、农村生活污水处理、农村畜禽污染整治、村容村貌整治、乡村绿化和生态建设五个方面构建测度,发现叶潭镇居民对农村环境治理水平总体满意,农村保洁因素对农民满意度有显著正向影响。邱成梅、余平怀(2021年)将垃圾治理这一人居环境整治重点作为研究对象,发现农民满意度受到内外两方面影响。桂国华等(2021年)构建了包含自然生态环境、人居环境、基础设施、公共服务设施、社会人文环境、村民情感感知 6 个变量的农民满意度模型。

二是对农民满意度影响因素研究。张萌等(2018年)利用江苏省姜堰区、高邮市、大丰区和涟水县 271 个问卷调研样本,构建 21 个具体指标的村庄环境整治农民满意度评价指标体系,采用模糊综合评价法和四象限对比分析法,找出影响当地村庄环境整治农民满意度的关键因素;罗万纯(2020年)从农民的视角出发研究农村人居环境中公共服务供给效果及其影响,指出农民群体的环保意识和家庭需要是主要影响因素;孙前路等(2020年)从社会规范和社会监督角度展开研究,发现西藏地区农民参与农村人居环境整治意愿及满意度的主要影响因素为农民的文化程度、村民监督及政府宣传;吴海娟(2023年)以宁夏典型的生态移民村镇为研究区,基于访谈式问卷,利用结构方程模型,构建居民满意度指标体系,探讨居民居住满意度的特征及影响因素。

通过梳理发现,在对农村人居环境整治的农民满意度方面展开的系统性研究较少。现有研究仍存在局限之处,一是在对农村人居环境治理研究中,定性研究多于定量研究,实证研究仍是其薄弱环节。二是在对农民满意度研究中,基于领域的多指标直接测量为主,基于模型的多指标测量少,不能很好地解释满意度水平及相应的影响路径。三是受限于农村人居环境内涵不统一,基于领域的多项目测量指标不一致,缺乏标准化的评价指标体系。此外,根据梳理现有满意度评价研究常用指标,主要涉及生态环境满意度、居住条件满意度、基础设施满意度、公共服务满意度、经济发展满意度等。常用的满意度研究方法主要有模糊综合评价法、层次分析法、Logit 回归模型、熵权 TOPSIS 模型。对农民满意度影响因素的研究主要使用四象限对比分析法、结构方程模型等构建评价体系。为有效改善西部地区农村人居环境,本书首先是确定影响人居环境满意度的因子,再利用因子分析模型寻找潜在变量,最后通过采用相对主观的层次分析法确定指标权重,采用结构方程模型构建人居环境满意度评价指标体系。

农村人居环境满意度评价指标见表 3-3。

表 3-3　农村人居环境满意度评价指标

第一层次	第二层次	第三层次
农村人居环境满意度评价指标	生态环境满意度	饮水质量、生活用水污染、垃圾处理、绿化等满意度
	基础设施满意度	给水排水系统、供电系统、交通系统、通信系统等满意度
	房屋建筑质量满意度	建筑面积、建筑质量等满意度
	社会服务满意度	商业网点、文化活动、学校数量、社会治安、医疗设施等满意度

3.3　农村人居环境整治发展路径研究

现有的农村人居环境整治差异化研究主要将空间区划作为一种分类评价标准,进行分割式的农村人居环境治理独立研究。郜彗等(2015 年)运用全排列多边形综合指数法计算农村人居环境综合指数,在此研究基础上,打破了传统的经济区划限制,使用 GIS 技术将农村人居环境划分为四类。赵霞(2016 年)以北京、河北农村人居环境治理情况为例,从宏观、中观、微观三个分析层面,探讨了农村环境卫生、基础设施、医疗健康服务保障等多个农村人居环境治理问题现状,提出了有针对性的决策建议。顾康康等(2017 年)针对安徽省江淮地区农村人居环境质量评价方法和农村空间布局情况,构建了一套包括农户居住质量、经济综合发展水平、基础设施建设水平等主要指标在内的农村人居环境质量评价体系,基于具体的生态空间布局提出了多样化的综合治理政策。

目前,农村人居环境治理分类与管理方面的研究较为匮乏,能够摆脱传统经济区划标准约束的研究更是少之又少。孙慧波等(2018 年)提出通过构建农村人居环境质量与经济发展协调程度模型，以相关指标为依据，进一步将农村人居环境质量划分为三类，并针对不同类别提出相对应的治理策略，指出农村人居环境与经济发展水平的不一致性。因此，要积极探索一种更完整、更科学、更有效的治理分类研究方法，才能进一步研究制定出更有针对性和可行性好的环境优化治理研究方案。仲亚东（2020年）构建了5个层面的农村人居环境质量评价指标体系，制定并评价农村人居环境质量等级与标准，以此为基础划定四类农村人居环境典型区域：引领示范区、优化发展区、全面提升区和重点整治区，提出生态文明导向下农村人居环境的分类治理对策。李裕瑞等（2022年）将农村人居环境整治划分为政府规划主导、社区参与主导、能人自治回馈、服务外包、多元协同共治五大模式，在具体实践中，根据区域层面，对不同地区因地制宜分类施策。陈怡晴（2022年）运用K-means聚类分析法，基于治理绩效评价综合得分将76个样本村（社区）划分为党群联动、生态整治、多元共治、社会综治四个模式，并提出促进农村人居环境治理分类优化的对策研究。

综上所述，近年来农村人居环境治理逐渐从缺乏针对性、照搬照抄先进地区成功经验等模式，转向根据各地经济社会发展实际情况，科学确定具体目标、重点、方法和标准，进行差异化治理。这种治理模式有效避免了一些地区因忽视农村生态环境、人居条件、基础设施和社会发展等要素同人居环境系统之间的关联性和互生性，仅从单一层面狭隘理解人居环境建设，导致原有的乡村风貌和乡土文化遭到破坏等问题。因此，面对中国西部地区复杂的农村人居环境状况，农村人居环境整治应因地制宜，分类指导。不同地区要根据本区域的自然地理、经济条件、乡土民俗和农民期盼，科学确定因地制宜的阶段性整治计划和目标，对于不同类型的农村人居环境制定差异化治理对策，既尽力而为又量力而行，集中力量解决突出问题，做到干净整洁有序，以提高农村人居环境整治效率和质量，突出地域特色。除此之外，农村人居环境整治需要梯次推进，统筹优化。农村人居环境综合整治必须善于总结和利用治理规律，综合考察农村发展程度、区位条件、生态环境承载力等因素，统筹制定本地区农村污染治理和资源利用策略，依据轻重缓急实现分级治理，对于涉及居民基本生活需要的重点工程予以优先考虑，实现农村人居环境治理梯次推进、分级治理，严防形式主义、大拆大建。

因此，本书根据完善美丽乡村建设机制，围绕"旅游特色型、美丽宜居型、提升改善型、基本整洁型"对农村人居环境进行分类，依据GSC模型法从发展定位、产业发展策划、基础设施建设、连队生活垃圾处理、村庄特色风貌指引、文化附加值提升、长效管护机制、政策制度保障等方面进行差异化的发展路径研究。

4 西部地区发展概述

4.1 西部地区概况

我国西部地区包括新疆维吾尔自治区、西藏自治区、宁夏回族自治区、内蒙古自治区、广西壮族自治区、云南省、贵州省、四川省、甘肃省、青海省、陕西省、重庆市,主要位于我国陆地地势的一级、二级阶梯,研究区域的土地面积为 555.32 万 km²,人口约为 3.76 亿人。研究区域跨度大,气候变化明显,地形情况复杂,区域间差异较大,其中西北部分地区干旱且少雨,西南部分地区温湿且多雨。因为自然气候等条件较为恶劣且多变,这使得我国西部大部分地区生态环境较为脆弱,环境承载能力也相对较差,西北干旱区的沙化、黄河中上游地区的水土流失和草地退化等问题已经成为影响我国其他地区生态的重要因素。

4.1.1 自然环境概况

1. 地理位置

从自然地理的角度来看,西部地区是我国重要的生态屏障。该区域为"T"字形结构,从沿海到内陆均表现出明显的带状分布特征。我国西部地区坐落于亚欧内陆的腹地,因为离海洋距离较远,暖湿气流和其他气流受阻,所以具有特殊的地貌特征。就地形而言,西部地区大都处于我国陆地地势的一级和二级阶梯,地形主要包括山地、高原以及内陆盆地。就气候而言,气候特征主要表现为:西南的亚热带、西北的温带大陆性气候和青藏高寒区。西部各绿洲的自然生态环境区域分布自成体系,彼此间有一定的联系,阻碍和减缓了西部荒漠化的发展。因此,维护西部地区的生态环境意义重大。

2. 土地利用特点

西部地区的占地面积较大,占全国土地总面积的 71.4%,土地资源十分丰富,草地是西部地区占地面积最多的土地类型,占全国草地总面积的 62%,人均耕地面积约为 2 hm²,是我国人均耕地面积的 1.3 倍。土地的可开垦指数高,全国 80% 的未开发利用土地分布在西部地区,其中适合作为农业用地开发的有 5.9 亿 hm²,适合作为耕地开发的有 1 亿 hm²。就土地资源的质量而言,西部与东部、中部相比,存在着明显的差距,西部山地面积占比较大,除四川和陕西汉中地区等外,没有形成大规模种植粮食的生产条件。而西南地区具有丰富的生物资源,在发展特色农业、畜牧业和生物资源开发利用等方面具有很大的发展潜力。总体而言,西部地区土地资源的基本特征表现为:①人均占有率高,开发潜力较大。②开垦耕植指数较高,农业用地的占比较高。③土地实际利用率低,各区域间存在显著的差距。④土地生态环境十分脆弱,存在着较为严重的开发问题。

4.1.2 经济情况

1. 社会经济发展

我国西部地区人口规模大,发展速度快,大城市对大农村的拉动作用显著。截至2020年年底,西部地区共有常住人口37919万人,同比增长0.27%。西部各区、县(自治县)的城镇化发展主要依托主城区,形成大、中、小城市相结合的组团式的新型城市群。西部地区2020年的生产总值为211389.2亿元,同比增长4.02%。按照常住人口来计算,2020年,西部地区全年的人均地区生产总值达到了55747元,社会消费品的零售总额达到了81309.4亿元。

2. 文化教育和旅游业发展

西部地区各级各类学校共有72383所,其中有704所高校、4203所普通高中、15214所普通初中、51651所普通小学及611所特殊教育学校。四川省和陕西省的教育规模和教育质量在西部地区都属于中等偏上水平,而宁夏回族自治区和青海省的高等教育发展规模与质量在西部地区均处于较低水平。

在旅游资源方面,西部地区有明显的优势。有40个国家级的风景名胜区位于西部地区,在全国的占比为34%。有35%的世界文化遗产分布于西部地区,如秦始皇陵、都江堰、丝绸之路等。被联合国确定为"人与生物圈计划"的项目有10个分布于我国西部地区。有31座国家历史文化名城坐落于西部地区,在全国的占比为31%。西部地区的敦煌莫高窟、丽江古城、青海湖、九寨沟、桂林山水等旅游景观,引领西部的旅游业发展并带动其经济发展。2010—2019年期间,西部地区各省会城市游客人数与旅游收入的平均增长率都达到了两位数,远超全国平均水平。

4.1.3 现阶段乡村振兴特征

杨文娟在《西部地区新型城镇化与乡村振兴耦合协调发展研究》硕士学位论文中对西部地区乡村振兴情况进行分析发现,长期以来,西部地区受环境、地理和交通设施等方面的影响较大,所以经济和社会等方面的发展相对比较滞后,城乡差异明显,现阶段西部地区乡村振兴特征包含以下三个方面内容。

1. 农村居民收入水平提高但收入差距悬殊

乡村振兴战略要求要实现生活富裕,但是,因为受地理位置、自然条件以及历史发展等方面的限制,与东部和中部地区相比,西部地区无论是经济发展还是社会发展都处在相对劣势的地位。西部地区的人口数量庞大,且农村人口占据多数,农村经济与社会发展问题是影响我国西部地区乡村振兴的重要因素。

第一,在"全面小康"和"美丽中国"建设进程的推动下,我国农村地区的经济发展已初见成效,农村居民年人均可支配收入呈直线上升趋势。但西部地区与中部、东部之间的差距依然很大,2011—2020年期间,东部与西部地区农村居民年人均可支配收入差距一直维持在

3700元以上,中部与西部地区农村居民年人均可支配收入的差距一直维持在1300元以上。

第二,自党的十八大以来,由于国家对西部地区的关注和财政投入,使得西部地区城乡居民的人均可支配收入有了明显的提高。2011—2020年期间,西部地区城镇与农村居民年人均收入的平均增长速率较高,分别为8.46%和9.96%,但其城乡居民年人均收入的平均差距达到了18226元,且还在持续扩大。因此,西部地区与东部、中部地区之间,以及西部城乡之间收入差距过大、社会经济发展不均衡等问题,依然是阻碍乡村振兴的重要因素。

2. 土地利用率低且农业生产简单粗放

一方面,就农业用地面积来说,西部地区要比东部地区多,但大部分土地因耕种困难、土壤不适宜种植、水源不足等原因限制了其利用,所以土地的利用率较低,总体上来说,西部地区的土地利用率要比东部的低;另一方面,在自然条件上,西部农村地区相对较差,大部分农村地区人口稀少、水源短缺、基础条件差、土地不宜耕植,造成了土地的生产率较低。青海、宁夏、新疆等地区存在沙漠和戈壁,云南、广西、贵州等地区拥有喀斯特地貌。此外,西部农村地区教育水平落后,教育资源存在短缺现象,村民的文化程度普遍要比城市居民低,且种植地较为分散、农业基础设施薄弱、农业产能低,大多采用传统的种植方式。长期以来,农户在生产耕作过程中不可避免地施用化肥、农药等,从而对农村生态环境造成了一定程度的污染和损害,这与乡村振兴战略中"生态宜居"的要求相违背。

3. 公众服务供给不足

由于西部大部分农村地处深山,存在诸多问题,如交通、网络、水电等基础设施不完备,教育资源有限,医疗卫生条件差等。这些均导致农村人居环境恶劣,也限制了农村地区公共服务的供给,成为西部农村地区乡村振兴的一大阻碍。

2011—2020年期间,东部、中部和西部地区的地方财政一般公共服务支出整体上呈现逐年上升的态势,相比而言,东部地区的地方财政一般公共服务支出远高于中部和西部地区,而中部和西部不相上下。2018—2020年,西部各省(区、市)的地方财政一般公共服务支出的地区差异明显,四川省历年地方财政一般公共服务支出最高,其次为云南省,而宁夏回族自治区历年地方财政一般公共服务支出最低。由此可见,这种差异是由于发展的差异所导致的,发展较好的地区,其地方财政一般公共服务支出就较高。

4.2 西部地区农村人居环境整治发展现状

4.2.1 现阶段面临的问题

西部地区农村人居环境整治提升面临的现实挑战主要有以下三个方面:

1. 相对复杂的环境基础

西部地区有着相对复杂的环境基础,导致农村人居环境整治提升较之其他区域的难度更大。首先,西部地区大多数是我国的生态脆弱区,乡村地区的地形地势条件复杂,部分地区的自然环境恶劣多变,土地荒漠化、水土流失、草场退化等生态问题多发。农村人居环境与自然生态环境的关联程度更高,开展农村人居环境整治必须克服自然条件的不利影响。其次,西部地区特别是新疆维吾尔自治区呈现出地广人稀的人口分布情况。这种情况既增加农村人居环境整治提升的工作成本,也不利于"政府主导、农民主体"的主体关系构造。再次,受制于自然因素、历史因素和经济社会因素,西部地区的基础设施条件薄弱,原有基础设施难以满足覆盖度和普及率的政策要求,道路交通、卫生厕所、垃圾处理设施、污水处理设施、畜禽粪污处理和资源化利用设施建设缺口较大。最后,从人文环境来看,西部地区基层乡村群众的公共卫生理念、生态环保意识、绿色生产生活方式与理想情况差距较大,加之他们对政策的理解不深,增加了农村人居环境整治提升的落实难度。综合来看,西部地区的复杂环境要求农村人居环境整治不能搞"一刀切""齐步走",必须要因地制宜、循序渐进地稳步推进。

2. 后继乏力的资源条件

农村人居环境整治提升的系统性特征,需要全环节各流程的资源供给,特别是资金投入的持续保障。有研究认为,目前农村人居环境发展水平与区域经济发展水平呈正向关联,非经济因素同样对农村人居环境发展形成重要挑战。西部地区经济发展水平的滞后性既影响到农村人居环境发展水平相对薄弱,也增加了农村人居环境整治提升的困难程度。农村人居环境整治提升要求建立地方为主、中央补助的政府投入体系,需要地方政府特别是县级政府提供专项配套资金。较之东部地区,西部地区的县级财力普遍不高,县级财政赤字大,还面临着财政收入增幅降低、财政支出刚性增加的潜在风险。当前开展农村人居环境整治提升的资金筹措呈现出对中央转移支付、省市专项投入等上级拨付或对口支援的过度依赖。基础设施建设的公共性质和社会经济活力的发展导致社会资源的投入面临阻碍。西部地区的地方政府需要筹措更多资金用于已有项目的运行维持、新建项目的开工建设、政策安排的宣传普及、运行状况的监督奖补等,有研究者指出"资金投入还远远不够",这是西部地区农村人居环境整治提升面临的困境。

3. 尚待完善的治理格局

西部地区的农村人居环境整治提升是一项兼具政治性、技术性、生活性的任务,这一过程需要多元治理主体的协调配合。理想化的农村人居环境整治提升要形成"党委领导、政府主导、社会协同、群众参与、科技支撑、法治保障"的治理体系架构,特别是要实现政府政策执行与农民生产生活的有机统一,建构起"政府主导、农民主体"的基本格局。当前西部地区农村人居环境整治提升表现为"政府强推动、农户弱参与"。一方面,西部地区的部分基层组织将农村人居环境整治提升作为纯粹性的硬性政治任务层层下压,很大程度上没有将其视为人民群众生产生活的需要,表现出一定的形式主义、应付心态,在细化宣传、规划设计、项目建设、监督维护等环节中,相对缺乏明确的责任意识和权责划分;另一方面,农民群众思想意识和参与积极性有待提升。个别地方的村庄基层党组织和其他集体组织在发挥代言人和服务者的角色中还有较大的提升空间,需要他们更加关注乡村建设中基层群众的主体作用。也有些地区的个别干部或是表现出逃避心态,或是采取旁观态度。还有的地方市场主体、社会组织等在这一治理任务中的参与程度不高,没有很好地发挥出支撑促进作用。这些情况都制约着西部地区农村人居环境整治提升的综合效能,也会影响到"乡村振兴"战略在整个西部地区的深入推进,需要引起高度关注。

4.2.2 各地区农村人居环境整治发展概况

1. 陕西省建设现状

2021年,陕西省深入学习习近平总书记关于"三农"工作重要指示精神,全面落实党中央、国务院关于巩固拓展脱贫攻坚成果同乡村振兴有效衔接的决策部署,以防止返贫动态监测和帮扶为重点,守底线、抓衔接、促振兴,巩固拓展脱贫攻坚成果同乡村振兴有效衔接各项工作扎实推进,乡村产业发展进一步壮大,着重优化农业综合空间布局,农业综合生产能力得到显著增强,特色产业优势得到进一步扩大。

（1）农村人居环境建设情况

十八大以来,我国加快了乡村治理体系和能力建设的步伐,陕西省以休闲农业和乡村旅游为抓手,以农村人居环境整治为乡村治理体系建设的重要内容,着力打造陕西省优良人居环境,助推乡村振兴全面发展。

2020年,陕西省着重打造中国美丽休闲乡村34个、全国休闲农业示范县13个、特色产业小镇24个,带动了休闲农业和乡村旅游规范发展。休闲农业示范点已覆盖全省10个设区的市以及杨陵和韩城的57个县（区）,涉及了农业、林业、牧业、渔业的各方面。有序发展了近100个旅游特色小镇和1000家乡村特色民宿,不断丰富了乡村度假型产品。乡村旅游创新创业活动持续活跃,袁家村、马嵬驿、茯茶镇成为中国乡村旅游创客示范基地,乡村运动、康养、研学、度假成为新时尚。宁陕县全域旅游脱贫模式被文化和旅游部、国务院扶贫办肯定和推广。同时,陕西省以"净美三秦"为主题,围绕厕所革命、垃圾处理、污水管网、乡村道路等方面,开展"村庄清洁"行动,改善乡村公共基础设施和环境,群众生产生活条件改善明显。陕西省持续提升饮水安全保障水平,深入开展饮水安全"敲门入户"大排查等专项行动,及时补短板、强弱项、促提升,全省农村饮水安全问题基本解决;加快推进危房改造和洪涝灾害损毁房屋修缮重建,持续解决因灾损毁饮水设施、饮水管网和季节性缺水问题,不断推进"四好农村路"建设,创建2个省级"四好农村路"示范市和36个示范县,其中有9个为国家级示范县。"十三五"以来,陕西省农村公路总里程达到15.4万km,实现了100%乡镇和100%建制村通沥青（水泥）路的目标;实施新一轮农村电网改造升级工程,97.78%的自然村通动力电;大力开展农村生活垃圾治理专项行动和"厕所革命",全省卫生厕所普及率达73.3%;持续开展村庄清洁行动,农村84.95%的自然村生活垃圾得到有效治理,29%的生活污水得到有效治理,农民的生产生活便利性不断提高;开展绿色家园建设,改善村庄公共空间和庭院环境,村容村貌显著提升。

（2）未来农村建设发展规划

为了尽快推进乡村建设行动,陕西省先后召开了全省秦岭山水乡村建设现场培训会和陕北片区会,启动"四沿三建"乡村建设片区推进行动,着力为2023年全面深入推进乡村振兴工作打下基础。为进一步明确乡村建设推进方式,陕西省对标国家《乡村建设行动实施方案》,制定出台了本省《乡村建设行动方案》,协调制定15个专项推进方案和3个清单（责任清单、任务清单、项目清单）,同时印发《关于进一步发挥乡贤作用助力乡村振兴的指导意见》,发挥金融保险作用,动员乡贤等力量广泛参与乡村建设。

为进一步有序推进"多规合一"的村庄规划编制,2023年陕西省计划启动共1558个村庄规划编制试点工作,其中省级试点村55个、市级试点村353个。为扎实推进农村人居环境整治,陕西省召开全省人居环境整治现场会。目前,全省累计组织摸排户厕167.2万座。同时,陕西省还积极探索生活污水资源化利用有效方式,整治农村水系,33%的行政村生活污水得到有效治理。同时推行"户分类、村收集、镇转运、县处理"农村生活垃圾处理模式,实现垃圾分类减量和资源化利用,农村生活垃圾进行收运处理的自然村比例超过90%。陕西省还进一步加大农村基础设施建设力度,共完成新、改建农村公路4919 km,改造农村公路危桥42座。全省共建成农村供水工程1412处,受益人口148.69万人,解决了动态监测发现的19.24万人临时供水反复问题。

在强化村庄规划建设方面,2023年陕西省瞄准农村基本具备现代生活条件目标,统筹县域城镇和村庄布局,加快推进有条件有需求的村庄编制"多规合一"实用性村庄规划。优化村庄生产生活生态空间,合理确定村庄用地布局,防止大拆大建、盲目建牌楼亭廊"堆盆景"。用足用好城乡建设用地增减挂钩、全域土地综合整治等政策,深入推进农村集体土地整理,盘活闲置存量集体建设用地,优先保障农民居住、乡村基础设施、公共服务空间和产业用地需求。实施传统村落集中连片保护示范,开展传统村落名录申报,建立传统村落调查认定、撤并前置审定、灾毁防范等制度,并计划于2023年创建美丽宜居示范村200个。

抓好农村人居环境整治提升是陕西省2023年乡村振兴工作的重中之重。深入开展美好环境与幸福生活共同缔造活动。整治村庄公共空间,丰富拓展村庄清洁行动。巩固农村户厕问题摸排整改成果,加快研发推广陕北渭北等干旱缺水、寒冷地区节水防冻卫生厕所适宜技术产品,鼓励有条件的地方新建户厕入户进院,引导新改水冲式厕所入室进屋。加强农村公厕建设和管理维护,抓好厕所粪污无害化处理和资源化利用。实施农村生活污水治理"整县推进"试点行动,有序推进乡镇政府所在地、中心村、城乡接合部、水源保护地等区域治理,扎实开展农村黑臭水体整治。健全农村生活垃圾收运处置体系,推动农村生活垃圾源头分类减量、及时清运处置。

同时,陕西省进一步加大乡村基础设施建设力度。在道路设施方面,有序推进30户以上自然村(组)通硬化路、乡镇通三级公路,加快实施农村公路安全生命防护工程和危桥改造,加大乡村产业路、旅游路建设。实施农村供水保障工程,重点推进城乡供水一体化、规模化供水工程建设和小型供水工程标准化改造,配套完善净化消毒设施设备,强化水质检测监测。提升农村电力保障水平,推广发展农村可再生能源。深化农村公共基础设施管护体制改革。做好农村危房改造和抗震改造,完成农房安全排查整治,建立全过程监管制度。开展现代宜居住房示范,建设现代宜居住房2000套。加强基层应急管理体系和能力建设,常态化开展乡村交通、消防、经营性自建房等重点领域风险隐患排查治理。

2. 甘肃省建设现状

(1)农村人居环境建设情况

近年来,甘肃省以提升农村人居环境为主要抓手,扎实推进农村人居环境整治三年行动,推动乡村建设等重点工作有序进行。截至2020年底,全省共创建省级美丽乡村示范村900个、市县级美丽乡村示范村2000个、村庄清洁行动先进县10个、清洁村庄示范村10000个。2021年,完成500个省级示范村建设,实施改厕50万座,全省行政村卫生公厕覆盖率达到 97％,农村生活污水治理率达 21.49％,90％的行政村生活垃圾得到有效处理,建成自然村(组)通硬化路 1.08 万 km,新建改造农网线路 1.9 万 km。引洮主体工程全线建成通水,惠及五市十三县区 600 多万群众,完成 144 处农村水源保障工程。生态治理方面,截至2021 年 6 月底,甘肃近五年完成营造林超过 2600 万亩,治理退化草原超过 7800 万亩。黄土高原、祁连山脉、河西走廊生态修复和保护工程持续推进,成效显著。2021 年 12 月,在"乡村振兴 2021 中国最美村镇"评选中,甘肃有六地上榜。总体看来,甘肃乡村建设治理取得了可喜成效。

(2)未来农村建设发展规划

甘肃省未来农村建设发展规划如下:

① 抢抓黄河流域生态保护和高质量发展战略机遇,加快实施循环农业重大带动性工程项目。加强农业面源污染综合治理,加强畜禽粪污资源化和秸秆综合利用,持续实施农膜回收行动,推进化肥农药减量增效。建设国家农业绿色发展先行区,开展农业绿色发展情况评价。开展水系连通及水美乡村建设,建设美丽河湖。巩固退耕还林还草成果,实施生态保护修复工作,复苏河湖生态环境,加强天然林保护修复、草原休养生息,科学推进国土绿化。支持牧区发展和牧民增收,落实第三轮草原生态保护补助奖励政策。研发应用减碳增汇型农业技术,探索建立碳汇产品价值实现机制。实施生物多样性保护重大工程,巩固长江禁渔成果,加强常态化执法监管。强化水生生物养护,规范增殖放流。构建以国家公园为主体的自然保护地体系。实施坡耕地水土流失综合治理、小流域综合治理。支持平凉市抓好现代生态循环农业整市建设试点。贯彻落实乡村生态振兴的意见。

② 充分发挥规划的引领作用,推进乡村建设、产业发展、基础设施、公共服务县域内统筹,以县城为中心、以乡镇为节点、以农村为腹地,统筹空间布局和城乡规划,做到乡村规划与县城、中心镇规划有效衔接,引导城镇公用设施和公共服务设施向乡村延伸覆盖,因地制宜推进"多规合一"村庄规划。在规划引领下,推动形成县、乡、村功能衔接互补融合发展的格局。坚持差异化打造,引导各地把握村庄分类标准,突出地方特点、文化特色和时代特征,科学布局乡村生产生活生态空间,精准确定村庄类型,体现山水田园符号,力求做到"一村一特色、千村千面貌"。

③ 落实乡村振兴为农民而兴、乡村建设为农民而建的要求,坚持自下而上、村民自治、农民参与。把握乡村建设的时、度、效,坚持数量服从质量、进度服从实效,求好不求快,因地制宜、有力有序推进,不搞"一刀切"。立足村庄现有基础开展乡村建设,严格规范村庄撤并,不盲目拆旧村、建新村,不超越发展阶段搞大融资、大开发、大建设,避免无效投入造成浪费,防范村级债务风险。深化"5155"乡村建设示范行动,巩固提升示范创建成果,接续推进 5 个省级示范市(州)、10 个省级示范县(市、区)创建任务,建成 50 个省级示范乡(镇)、新建 500个省级示范村,持续开展市县示范行动。完善并兑现乡村建设示范创建奖补政策。开展传统村落集中连片保护利用示范,健全传统村落监测评估、警示退出、撤并事前审查等机制。保护特色民族村寨。实施农房改善行动和"拯救老屋行动"。推动村庄小型建设项目简易审批,规范项目管理,提高资金绩效。总结推广村民自治组织、农村集体经济组织和农民群众参与乡村建设项目的有效做法。明晰乡村建设项目产权,以县域为单位组织编制村庄公共基础设施管护责任清单。

④按照因地制宜、分类施策、尽力而为、量力而行的要求,打好农村人居环境整治攻坚战。坚持宜水则水、宜旱则旱、经济适用、群众接受的原则,城郊和建有污水管网的农村地区推行集中下水道水冲式卫生厕所,群众居住相对集中的村落推行三格式、双瓮式等节水型卫生厕所,干旱、高寒山区及群众居住分散地区推广卫生旱厕。持续巩固户厕问题摸排整改成果。分区分类推进农村生活污水治理,优先治理人口集中、规模较大村庄,因地制宜建设污水处理设施。加快推进农村黑臭水体治理。推进生活垃圾源头分类减量,加强村庄有机废弃物综合处置利用设施建设,推进就地利用处理。深入实施村庄清洁行动和绿化美化行动。

⑤鼓励各地拓展农业多种功能、挖掘乡村多元价值,推动休闲农业、乡村旅游、电子商务深度发展。实施乡村休闲旅游提升计划,创建6个乡村旅游示范县、60个文旅振兴乡村样板村。鼓励各地通过购买服务、定点采购等方式,建设一批乡村特色旅游村镇、农家乐、精品民宿,发展一批乡村旅游合作社。将符合要求的乡村休闲旅游项目纳入科普基地和中小学学农劳动实践基地。实施"数商兴农",完善农产品线上线下销售渠道,有效推动县、乡、村三级电商公共服务体系提质升级,促进农副产品直播带货健康发展,提高农产品电商销售比例,扩大农产品网上销售规模。

3. 青海省建设现状

近年来,青海省牢固树立和践行新发展理念,聚焦聚力高质量发展,整体推进了一批战略性谋划、制度性设计、关键性举措、支撑性工程,经济实力逐年增强,产业结构持续优化。经济总量突破3600亿元,年均增长4.5%。总财力突破2500亿元,年均增长8.8%。装备制造业、高技术制造业占比不断提高,服务业对经济的贡献率占到一半。累计完成固定资产投资近万亿元。基础设施建设日臻完善,高速公路突破4000 km,所有市州和三分之二的县通了高速公路,基本形成了东部成网、西部便捷、青南畅通、省际连通的路网布局;格库铁路、敦格铁路建成通车,西成铁路全线开工;玛沁机场、祁连机场建成通航,玉树机场完成改扩建,形成"一主六辅"民用机场格局;引大济湟主体工程全部建成,黄河干流防洪工程、沿黄四大水库灌溉工程建成运行,初步构建起水利基础设施骨干网络。常住人口城镇化率超过60%,全省一半以上的行政村开展了高原美丽乡村建设。

(1) 农村人居环境建设情况

青海省深入学习贯彻习近平生态文明思想,全面启动生态文明高地建设,生态环境保护发生历史性、转折性、全局性变化。国家公园建设走在全国前列,三江源国家公园正式设园,成为全国首批、排在首位、面积最大的国家公园,祁连山国家公园体制试点建设全面完成,青海湖国家公园创建迈出实质性步伐。青海省举办首届国家公园论坛,启动实施"中华水塔"保护行动,逐步完善"天空地一体化"生态环境监测网络,基本完成木里矿区生态环境综合整治三年行动任务,全面构建河湖长制和林长制体系,治理水土流失面积2480 km²,青海省成为全国唯一河流国考断面水质优良率达到100%的省份。空气质量优良天数比例达到96%以上,森林覆盖率达7.5%,草原综合植被覆盖率达57.9%。青海湖裸鲤蕴藏量从保护初期的2600 t恢复到11.4万t,藏羚羊由最少时的不足2万只恢复到7万多只。

(2) 未来农村建设发展规划

未来五年,是建设现代化新青海的重要时期。青海省在按照党的二十大作出的战略部署,围绕省第十四次党代会确定的目标任务,推进现代化新青海建设的实践中,努力做到"六个更加注重"。

① 更加注重高质量发展。把实施扩大内需战略同深化供给侧结构性改革有机结合起来,在落实碳达峰碳中和目标任务过程中锻造新的产业竞争优势,在打基础、利长远、补短板、调结构上加大投资力度,加快形成以"四地"为牵引的现代化产业体系,系统完备、高效实用、智能绿色、安全可靠的现代化基础设施体系,"一群两区多点"城镇化空间体系,优势互补、各展其长的区域经济布局,实现更高水平的供需良性循环和动态平衡。

② 更加注重人与自然和谐共生。心怀"国之大者",践行"两山"理念,加快经济社会发展全面绿色转型,协同推进降碳、减污、扩绿、增长,创建国家山水林田湖草沙冰一体化保护和系统治理试点,初步建立"两屏三区"生态安全格局,建立健全具有高原特色的生态产品价值实现机制,构建起以国家公园为主体、自然保护区为基础、各类自然公园为补充的自然保护地体系,生态环境质量保持全国一流。

③ 更加注重服务和融入新发展格局。坚定不移深化改革扩大开放,坚持"两个毫不动摇",全面优化营商环境,畅通城乡要素流动和循环,深度融入"一带一路"高质量发展,积极参与"六大经济走廊",启动建设青海自由贸易试验区,建设开放型经济新体制,形成内需和外需、进口和出口、招商引资和对外投资协调发展的高水平开放新格局。

④ 更加注重强化科技创新支撑。着眼国家战略需要、国际竞争前沿和制约我省高质量发展的技术瓶颈,以资源、能源、高原领域为主攻方向,布局一批重大科技项目,破解产业关键核心技术,促进科技成果高质量转化,深化科技体制改革,推动"科技—产业—金融"良性循环,加快推进创新型省份建设,成为国家战略科技力量的重要参与者和建设者。

⑤ 更加注重推进共同富裕。坚持以人民为中心的发展思想,推进更加充分更高质量的就业,建成覆盖全民、统筹城乡、公平统一、可持续的社会保障网,健全义务教育、基本养老、基本医疗、基本住房、社会救助等基本公共服务体系,城乡居民收入差距逐步缩小,中等收入群体显著扩大,乡村振兴全面推进,各民族交往交流交融不断深化,铸牢中华民族共同体意识走在全国前列,人民群众的获得感幸福感安全感更加充实、更有保障、更可持续。

⑥ 更加注重更高水平的安全发展。坚持标本兼治、远近结合,严守耕地和基本农田红线,加强能源、矿产资源勘探开发,稳步扩大钾肥、油气产能产量,持续提高能源安全保供能力,精准有效防范化解政府债务风险、金融风险和房地产风险,建立大安全大应急框架,健全共建共治共享的社会治理制度,聚力推进更高水平的平安青海建设,以新安全格局保障新发展格局。

青海省经济社会发展的主要预期目标是:生产总值增长5%左右,力争更好结果;城镇新增就业6万人以上,农牧区劳动力转移就业106万人次,城镇登记失业率、城镇调查失业率分别控制在3.5%和5.5%;居民收入增长与经济增长基本同步,居民消费价格涨幅3%左右;粮食总产量保持在107万t以上;长江、黄河干流、澜沧江出省境断面水质稳定保持Ⅱ类及以上,空气质量优良天数比例达到96%以上;能耗强度在"十四五"规划期内统筹完成国家规定目标,主要污染物减排控制在国家规定目标内。

把恢复和扩大消费摆在优先位置。突出生态旅游带动作用,完善青藏、青甘、青川、青新旅游大环线,打造东、西、南、北四个方向的精品旅游线路,串点成线、连线成片,促进"快进慢游"。加快长城、长征、黄河、长江国家文化公园青海段建设,建设黄河上游生态旅游文化带。

办好文化旅游节、旅游消费惠民季等活动,打造一批夜间消费集聚区和网红打卡地,推动旅游业加快恢复回升,加力打造国际生态旅游目的地。

坚持山水林田湖草沙冰一体化保护和系统治理,大力实施一批重点生态区保护修复和生物多样性保护工程。启动新一轮国土绿化、黑土型退化草原治理专项行动计划,完成国土绿化 400 万亩、防沙治沙 120 万亩、治理水土流失 450 km²。高质量完成木里矿区及祁连山南麓青海片区生态环境综合整治。持续深入打好蓝天碧水净土保卫战,加强大气污染物协同控制,强化土壤、地下水、危险废物污染防治,有序推进农业面源和工业点源污染治理,让青海的天更蓝、山更绿、水更清、环境更优美。

全面推进乡村振兴。以乡村振兴“八大行动”为载体,全面推进产业、人才、文化、生态、组织“五个振兴”。扎实推进绿色有机农畜产品输出地建设,实施农业生产“三品一标”提升行动,培育 100 个千头牦牛、千只藏羊标准化生产基地,支持青稞、油料、枸杞、藜麦、冷水鱼,以及乡村旅游等特色产业全链条发展,组建一批省级农牧业产业化联合体。推进“百企兴百村”行动,实施村集体经济“强村”工程。优化防返贫动态监测帮扶机制,加大重点帮扶县和易地搬迁后续扶持,坚决防止规模性返贫。扎实推进乡村建设行动,选取 200 个村开展乡村振兴试点,建设 300 个高原美丽乡村,新建改建省道和农村公路 2000 km,推动解决 10 个大电网未覆盖乡用电问题,优化提升农牧区安全饮水水平,持续开展农村人居环境整治提升五年行动,加快建设宜居宜业和美乡村,努力让农牧民就地过上现代文明生活。

4. 宁夏回族自治区建设现状

(1) 农村人居环境建设情况

2021 年,宁夏回族自治区积极推进黄河流域生态保护和高质量发展先行区建设,坚持生态优先,积极建设经济繁荣、民族团结、环境优美、人民富裕的美丽新宁夏。其中,在农村生态环境方面加大基础设施建设,建设重点小城镇 12 个、美丽村庄 50 个,开展创建全国村庄清洁先进县活动,创建民主法治示范村 35 个、乡村治理示范村镇 75 个,农村自来水普及率达 90%,农村基础设施得到明显改善。2021 年,宁夏回族自治区投资 8.54 亿元建设 93 个农村生活污水治理项目,涉及全区 17 个县(区),93 个项目中,已开工 30 个,完成验收 2 个。截至 2021 年 9 月,农村生活污水治理率达到 20.5%,养殖区畜禽粪污综合利用率达到 90%,秸秆的综合利用率达到 86%,残膜回收率达到 84%。宁夏回族自治区农村生态环境得到显著改善,为实现乡村振兴生态宜居目标奠定坚实基础。其中,西夏区以实施乡村振兴战略为契机,以生活垃圾处理、生活污水治理、“厕所革命”、村容村貌提升、美丽乡村创建“五大行动”为主攻方向,按照农村人居环境整治村庄清洁行动春季战役攻坚战及“五清一绿一改”工作要求,扎实开展农村人居环境整治工作,新建垃圾收集点 43 个、中转站 5 座,镇街配备垃圾治理员 13 人,配备农村保洁员 281 人,清理生活垃圾 1.8 万 t,44 个规模养殖场全部完成粪污处理设施建设任务,新建畜禽粪污和秸秆杂草综合利用处理站 1 座,清理农业生产废弃物 1.3 万 t,清理村内沟渠 852 km,整治巷道 452 条,新栽经果林 1.2 万棵、防风林 4 万棵,农村环境得到有效治理,村庄绿化全面提升,基础设施不断完善,村容村貌得到明显改观,农村“颜值”不断提升,群众获得感、幸福感明显增强。

(2) 未来农村建设发展规划

宁夏回族自治区制定了实施乡村建设行动方案,扎实稳妥推进乡村建设。坚持先建机制、后建工程、自下而上、农民参与。坚持数量服从质量、进度服从实效、求好不求快。严格按照聚集提升、城郊融合、整治改善、特色保护、搬迁撤并村庄分类,立足村庄现有基础开展乡村建设,把重点放在改善村庄整体环境、提高设施水平、增强公共服务上,不搞大拆大建,不搞超越发展阶段大融资、大开发、大建设,杜绝盲目撤并村庄,防止造成浪费,防范村级债务风险。完善农村房屋建设标准规范。结合宅基地制度改革试点和农村人居环境整治,在平罗县开展村庄分类规划建设试点。全面推进 12 个续建和 8 个新建重点小城镇、50 个高质量美丽宜居村庄、10 个传统村落保护项目建设。持续推动"四好农村路"高质量发展,实施农村公路安全生命防护工程和危桥改造,推进剩余常住人口 20 户以上具备条件的自然村通硬化路。

加快推进"互联网+城乡供水"示范区建设。深入实施农村电网巩固提升工程,完成原州区、西吉县、彭阳县 137 km 电网改造。充分利用农房、农村基础设施等发展农村光伏、生物质能等新能源产业,积极争取国家"千乡万村驭风沐光"政策,扩大整县屋顶分布式光伏项目实施。推进北方地区冬季清洁取暖试点,实施农村清洁能源暖气房计划。扎实推进户厕改造,根据山川不同条件选择不同模式。相对集中的村庄,建设完整下水道式厕所;居住分散的村庄,大力推广节水防冻型改厕技术,粪污就地消纳、资源化利用。落实改厕全过程质量监管,常态化开展问题排查整改,切实解决用不了、不好用的问题。鼓励采用小型化、生态化治理模式,分区分类推进农村生活污水治理,综合治理农村黑臭水体,推行农村生活垃圾"两次六分、四级联动"分类治理模式。持续开展村庄清洁提升行动,建立健全一体化"建、运、管"机制。深入开展农村人居环境整治提升示范县、乡、村创建,总结推广平罗、隆德县做法,将农村人居环境整治提升示范创建向贺兰县、利通区等扩大。

5. 重庆市建设现状

2021 年,重庆实现脱贫人口务工 77.77 万人;创建帮扶车间 472 个、吸纳就业 9500 人,开发公益性岗位 9.83 万个;完善落实后续产业扶持政策,脱贫地区特色种养业覆盖 90% 以上脱贫户;实现消费帮扶 62.13 亿元,东西部(重庆)消费协作中心揭牌运营。为了形成合力,重庆市组织了由"市领导+市级帮扶集团+协同区县+驻乡工作队+产业指导组"帮扶矩阵,聚焦 4 个国家乡村振兴重点帮扶县、17 个市级乡村振兴重点帮扶乡镇、原 18 个市级深度贫困乡镇等开展乡村振兴重点帮扶。重庆市四大班子主要领导带头,20 多位市领导挂帅,整合 17 个市级帮扶集团,选派 17 个驻乡工作队和 18 个产业指导组,建立主城都市区同渝东北三峡库区城镇群、渝东南武陵山区城镇群"一区两群"区县对口协同发展机制,全面推进乡村振兴。

(1)农村人居环境建设情况

重庆市为了确保政策落实落地,经反复征求意见,为重点帮扶县敲定了基础设施建设、生态屏障建设、产业转型升级、城乡融合、公共服务、资源要素保障等 6 个方面 168 个项目,并按照长中短结合的原则,明确建设年限、建设内容、责任单位和支持单位,由市发改委会同市乡村振兴局定期调度,市政府督查室定期督查。创建国家级乡村治理示范区 3 个、示范乡镇 4 个、示范村 40 个。渝北区"四级清单"、奉节县"'四访'工作规范"入选全国乡村治理典型案例,铜梁区"积分制"入选全国在乡村治理中推广运用积分制典型案例。

重庆市持续开展农村人居环境整治,统筹推动农村生活垃圾和污水治理,全市创建美丽宜居乡村1239个、最美庭院7.8万户。持续推动农村人居环境整治提升,稳步推进农村厕所革命,建立全市农村改厕工作数字化台账系统。农村卫生厕所普及率、生活垃圾治理率、生活污水治理率分别为84.3%、99%、28.6%,分别高于全国平均水平15.9、9、3.1个百分点。

(2)未来农村建设发展规划

重庆市2023年的主要工作目标是,全市第一产业增加值增长4%左右,农村居民人均可支配收入增长7%以上,粮食播种面积和产量稳定在3012.2万亩、108亿kg以上,农业科技进步贡献率达到62.5%,农作物耕种收综合机械化率超过56%,村级集体经济组织年经营性收入5万元以上的村达到70%、10万元以上的村达到50%,创建宜居宜业和美示范乡村100个。

人居环境方面,加快以县城为重要载体的城镇化建设,实施千万亩高标准农田改造提升、千亿级优势特色产业培育、千万农民城乡融合共富促进、千个宜居宜业和美乡村示范创建"四千行动"。健全"投、建、用、管、还"机制,大力推进高标准农田改大、改水、改路、改土、机械化"四改一化"示范建设,加强坡耕地综合治理,力争全年改造提升高标准农田200万亩。制定落实逐步把永久基本农田全部建成高标准农田的实施方案。健全高标准农田长效管护机制,构建政府、经营主体、集体经济组织共同参与的多元化管护格局。编制农田灌溉发展规划,扎实推进重大水利工程建设,推进大中型灌区建设和现代化改造,加强田间地头渠系与灌区骨干工程连接,打造具有丘陵山地特色的多功能灌区。深入推进农业水价综合改革。加快耕地质量提升综合示范区和酸化土壤改良示范项目建设。加强耕地污染监测和防治。坚持区县统筹,支持有条件有需求的村庄优化实用性村庄规划,合理确定村庄布局和建设边界。强化村庄规划入库管理,完善村镇规划管理"一张图",严禁违背农民意愿撤并村庄、搞大社区。推进以村为单位的全域土地综合整治。编制村容村貌提升导则,立足乡土特征、地域特点和民族特色提升村庄风貌,防止大拆大建、盲目建设牌楼亭廊"堆盆景"。落实《乡村建设项目库建设指引(试行)》《乡村建设任务清单管理指引(试行)》。扎实推进农村人居环境整治提升,抓好农村厕所、垃圾、污水"三个革命",巩固农村户厕问题摸排整改成果,持续开展村庄清洁行动和爱国卫生运动,稳步推进农村黑臭水体整治。持续加强乡村基础设施建设,统筹推进农村路、水、电、通信、物流"五网"建设,落实村庄公共基础设施管护责任,加强农村应急管理基础能力建设。

6. 四川省建设现状

四川省做好2023年和今后一个时期"三农"工作,要坚持以习近平新时代中国特色社会主义思想为指导,全面贯彻落实党的二十大精神,深入贯彻习近平总书记关于"三农"工作的重要指示精神,坚持"讲政治、抓发展、惠民生、保安全"工作总思路,落实"四化同步、城乡融合、五区共兴"战略部署,坚持农业农村优先发展,以建设新时代更高水平"天府粮仓"为引领,坚决守牢确保粮食安全、防止规模性返贫、加强耕地保护等底线,扎实推进乡村产业发展,加快建设宜居宜业和美乡村,全面推进乡村振兴,加快建设粮食安全和食物供给保障能力强、农业基础强、科技装备强、经营服务强、抗风险能力强、质量效益和竞争力强的农业强省。

(1)农村人居环境建设情况

四川省守牢耕地保护红线,各级下达耕地保护目标任务,严格考核监督。全面推行田长制,实现耕地和永久基本农田保护网格化监管全覆盖。严格落实耕地占补平衡管理制度,实行部门联合开展补充耕地验收评定和"市县审核、省级复核、社会监督"机制,确保补充的耕地数量相等、质量相当、产能不降。全面加强耕地用途管控,明确耕地利用优先顺序,严格控制一般耕地转为其他农用地和农业设施建设用地。常态化做好流出耕地恢复补充。深入开展成都平原及全省耕地保护专项整治行动。建立健全防止耕地撂荒长效机制,确保可以长期稳定利用的耕地不再减少。全面开展第三次全国土壤普查工作。

四川省整治提升农村人居环境工作稳步推进,以乡村旅游集聚人气。目前,全省约有8300个村开展了休闲农业和乡村旅游接待,占乡村总数的27.2%。有乡村旅游的村居民人均可支配收入达2万元以上的约占46.7%,占比较没有乡村旅游的高29个百分点。实施农村"厕所革命"整村推进示范村、人居环境整治重点县建设项目,开展干旱、寒冷、高海拔地区农村卫生厕所适用技术模式试点,探索农村厕所长效管护机制。推动农村生活垃圾收运处置体系建设和源头分类减量,及时清运处置。实施农村生活污水治理"千村示范工程",推进生活污水资源化利用。稳步消除较大面积农村黑臭水体。探索厕所粪污、畜禽粪污、易腐烂垃圾、有机废弃物就地就近资源化利用。强化农业面源污染综合治理,深入推进化肥农药减量化,整县推进秸秆综合利用。常态化开展村庄清洁行动,推进村容村貌整治提升。进一步加强农村生态保护工作。强化山水林田湖草沙一体化保护和系统治理,实施重要生态系统保护和修复重大工程。持续推进国家储备林建设。实施乡村绿化美化行动,开展森林乡镇、森林村庄创建工作。严格落实森林、草原、湿地、物种保护制度。加强乡村原生植被、小微湿地保护,坚决遏制开山毁林、填塘造地等行为。完善农村河湖长体系,推动农村河湖水环境改善。实施好长江十年禁渔。推进农业生物安全治理。深入推进森林草原防灭火常态化治理。

（2）未来农村建设发展规划

为扎实推进宜居宜业和美乡村建设,加快推进四川省以片区为单元的乡村国土空间规划编制实施,四川省将村庄规划纳入村级议事协商目录,制定不同类区农村基本具备现代生活条件建设指引及标准。深入实施"四好农村路"建设和乡村运输"金通工程",推进较大人口规模自然村（组）通硬化路、产业路旅游路建设,加快村道安防工程建设、危旧桥梁改造和铁索桥改公路桥建设。开展乡村水务百县建设行动,推进农村规模化供水工程建设和小型供水工程标准化改造,开展水质提升专项行动。加快农村电网现代化建设及薄弱地区电网建设改造,因地制宜推进乡村光伏发电和风电项目建设。

同时,落实村庄公共基础设施管护责任,进一步加大传统村落及民族村寨保护力度,持续推进集中连片保护利用。加强农村集镇建设,以乡镇政府驻地为重点,加快提升基础设施、环境风貌和公共服务,切实解决集镇"脏乱差堵"等问题。加强农村应急管理基础能力建设,深入开展重点领域风险隐患治理工作。开展宜居宜业和美乡村试点建设。

此外,四川省进一步积极发展乡村新产业新业态。持续开展乡村旅游重点村镇和天府旅游名镇名村建设,培育一批"天府度假乡村"。建设一批中国美丽休闲乡村、全国和省级休闲农业重点县。打造一批等级旅游民宿。建设一批省级科技助力乡村振兴先行村、"星创天地"等。加快发展现代乡村服务业。推进县域商业体系建设,支持农村商贸和流通基础设施建设补短板,推进电子商务进农村,打造"交商邮"融合发展试点县,实施"川货寄递"工程。

7. 贵州省建设现状

（1）农村人居环境建设情况

目前,贵州省以农村生活垃圾、污水治理、村容村貌提升为主攻方向,大力开展农村人居环境整治行动。深入实施农村"污水治理革命",坚持适用和量力而行原则启动实施污水治理工程,完善农村生活污水治理长效管理机制,按照"渗、滞、蓄、净、用、排"海绵村庄生态建设理念,探索市场运作模式,成片连村实施水生态系统和水环境治理。深入实施农村"垃圾治理革命",逐步完善农村环卫要素配置,建立农村垃圾"收、运、处"运行机制,提升农村垃圾收集处理能力。按照"一户一桶、一寨一斗、一村一站、一镇一中心垃圾临时堆放场"的最低配置原则,完善环卫设施,全面推进农村垃圾清运系统建设,全面提升农村环境卫生基础设施建设水平,确保农村垃圾有地放、有人收、有处置,同步全面实施农村"厨房革命""厕所革命"。建设"宜居乡村",不仅要道路、绿化、亮化等"面子"漂亮,还要农民自家"里子"干净。全省全力开展农村改厨改厕工作,加快农户厨房、厕所提级改造,用健康文明的生活方式引导群众提升环境意识,推动乡村生态发展,补齐农村人居生活环境短板。黔东南州2023年以来共争取中央预算内人口较少民族发展专项资金1480万元和省预算内投资910万元,用于改善农村人居环境治理工程建设。目前,全州农村环境综合整治项目已建成354个,在建项目150个,正在开展前期工作项目65个,各项工作正有序推进中。

（2）未来农村建设发展规划

贵州省坚持稳步推进村庄规划建设与农村人居环境建设。实施乡村建设行动"八大工程",建设宜居宜业和美乡村。在村庄规划建设方面,坚持县域统筹,结合县乡级国土空间规划编制,明确村庄国土空间用途管制规则和建设管控要求,实现乡村地区规划管控全覆盖。支持有条件有需求的村庄,加快推进"多规合一"实用性村庄规划编制,合理确定村庄布局和建设边界,推广"一图一表一说明"。将村庄规划纳入村级议事协商目录。规范优化乡村地区行政区划设置,严禁违背农民意愿撤并村庄、搞大社区。推进全域土地综合整治国家试点。盘活存量集体建设用地,优先保障农民居住、乡村基础设施、公共服务空间和产业用地需求。立足乡土特征、地域特点和民族特色提升村庄风貌,防止大拆大建、盲目建牌楼亭廊"堆盆景"。继续实施传统村落集中连片保护利用示范建设。

在农村人居环境方面进一步整治提升,持续实施农村人居环境整治提升五年行动、村庄清洁行动和爱国卫生运动。开展"四好农村路"、城乡交通运输一体化示范创建,推进乡镇通三级及以上公路建设。实施普通公路危桥改造和农村公路安全生命防护工程。推进城乡供水一体化、农村供水规模化建设,全省农村自来水普及率提升至91%以上。巩固提升农村电力保障水平,开发利用养殖场废弃物等可再生能源。继续开展宜居农房建设试点,继续推进自建房安全专项整治。加强乡村消防基础设施建设。此外,进一步深化农村"厕所革命",巩固摸排成果,探索技术模式,加强培训指导,扎实推进农村厕所革命,新建、改建农村户用厕所15万户。加强农村精神文明建设。以"庆丰收,促和美"为主题办好第六个中国农民丰收节贵州活动,组织开展具有广泛影响力的节日特色活动。保护传承农耕文化,深入实施农耕文化传承保护工程。丰富乡村文体生活,开展乡村阅读推广活动,遴选推介"乡村阅读榜样"。组织参加全国"美丽乡村健康跑"等农民体育品牌活动,探索推广"村BA"篮球赛等赛事。

8. 云南省建设现状

（1）农村人居环境建设情况

党的十八大以来，云南省大力推进农村基础设施建设，农村基础设施不断完善，文旅产业迅速发展。实施农村饮水安全工程，乡村饮水状况大幅改善，"第三次全国农业普查"结果显示，云南省30％的农户饮用经过净化处理的自来水，46.5％的农户饮用受保护的井水和泉水，农民饮水安全得以保障。同时，云南省不断加强和改进乡村治理，夯实乡村振兴基层基础，激发农村发展活力，乡村人居环境不断改善，使农村生态更加宜居。截至2021年年底，云南省89.9％的村实现了生活垃圾全部集中处理或者部分集中处理，39.0％的村生活污水能全部集中处理或者部分集中处理。近年来，全省农村"厕所革命"加快推进，农村卫生条件明显改善，截至2021年年底，98.9％的村有公共厕所。农村电气化改造不断推进，农村用电量由2011年的66.78亿kW·h增加到2021年的132.1亿kW·h，增长了近1倍，农村用电需求得到满足。农村公路的改善，使农民出行变得更加方便快捷，2021年云南省进村主要道路99.4％的村通了硬化公路，96.3％的村内主要道路为硬化道路，78.3％的村有公共交通。随着乡村振兴战略的实施，全省各地充分利用好农村森林景观、田园风光、村落民俗等推进农业与旅游、教育、文化等的产业融合，乡村农文旅融合发展迅速。截至2021年年底，13.0％的村开展了休闲农业和乡村旅游接待，开展休闲农业和乡村旅游的村户数达2.3万多户。

（2）未来农村建设发展规划

根据党中央对2035年远景目标的战略安排，云南省在乡村建设方面，大力实施乡村建设专项行动。加大村庄公共空间整治力度，持续开展村庄清洁行动。巩固农村户厕问题摸排整改成果，持续开展公厕管护和改厕技术服务专项行动，新改建农村卫生公厕3000座以上、农村卫生户厕36万座以上。农村生活垃圾处理设施覆盖率和农村生活污水治理率分别达到60％、38％。积极推进农村厕所粪污资源化利用。深入实施爱国卫生新的"7个专项行动"，全面开展省级卫生乡镇和卫生村建设。积极推进国家乡村振兴示范县创建，开展绿美乡村建设，新增100个绿美乡镇、200个绿美村庄，开展农村"裸房"风貌整治。高质量建设374个现代化边境幸福村。持续实施农村公路"巩固提升"工程和"四好农村路"示范县创建活动，新改建农村公路1万km以上。统筹推进农村供水保障和城乡供水一体化三年行动。积极开展农村供水水质提升行动，加快农村电网巩固提升。深入推进农村房屋安全隐患排查整治，力争完成农房危房和抗震改造10万户以上。加强农村应急管理基础能力建设，深入开展乡村交通、消防、经营性自建房等重点领域风险隐患治理攻坚，建成7000km村道安全生命防护工程，完成200座以上农村公路危桥改造。

9. 广西壮族自治区建设现状

2021年，广西壮族自治区坚持以巩固拓展脱贫攻坚成果同乡村振兴有效衔接为工作重点，牢牢守住保障国家粮食安全和不发生规模性返贫两条底线，扎实有序做好乡村发展、乡村建设、乡村治理重点工作，为推动乡村振兴全面高质量发展开好局、起好步。广西壮族自治区是全国农村脱贫人口最多的少数民族自治区，习近平总书记2021年4月视察广西时明确指出，广西是"全国民族团结进步示范区"，要继续发挥好示范带动作用，建设新时代中国特色社会主义壮美广西。进入新征程，广西壮族自治区巩固脱贫成效怎样、全面推进乡村振兴开局如何,对于推进壮美广西建设、实现与全国同步现代化目标具有重要的历史和现实意义。

（1）农村人居环境建设情况

广西壮族自治区加强规划整合、引导和执行,统筹城镇、村庄规划建设,提升村庄绿化、美化、净化、亮化。扎实推进乡村风貌提升行动,全年完成"千村示范"示范村屯农房风貌改造提升约 20 万栋,示范村屯建设达 2792 个,"万村整治"完成基本整治村屯 10.99 万个,超额完成计划。此外,大力开展农村"厕所革命"、农村人居环境整治等,全区农村人居环境进一步提升。改造或新建农村户用卫生厕所 115 万户。扎实推进乡村建设行动,通过乡村风貌提升、人居环境整治,塑造美丽乡村之"形",通过促进农村一、二、三产业融合发展,充盈乡村产业之"实",通过提高农民科技文化素质,铸牢乡村文明之"魂",推动乡村建设迈出坚实步伐。在全国率先出台乡村规划师挂点服务办法,有序推进"多规合一"实用性村庄规划编制工作。截至 2021 年 6 月,已组织完成 750 个行政村、1 万多个自然村屯的村庄规划,工作进度位于全国前列。同时,进一步提升农村基础设施质量水平,推动路、水、电、网等基础设施提档升级,加强区域性重大基础设施建设规划对脱贫地区、基础设施薄弱乡村的覆盖和连接。建设或规划通自然村（屯）硬化路及护栏、产业路、小型农田水利设施等项目 6246 个。其中,通自然村（屯）硬化路、小型农田水利设施项目 3027 个。启动编制《广西农村生活污水治理规划（2021—2035 年）》,组织实施一批示范项目,推动 59 个乡镇生活垃圾中转站和 102 个村级生活垃圾处理设施建设,建制镇污水处理设施覆盖率超过 80%。此外,进一步实施公共服务提升行动,按照县域城乡基本公共服务一体化目标,提高乡村特别是脱贫地区公共服务质量,改善义务教育办学条件,加快乡村基层医疗服务体系建设,大力推广县、乡、村医疗服务一体化建设,向脱贫地区倾斜配备执照医生,推动公共文化资源向乡村特别是脱贫地区下沉。启动实施乡村振兴产业发展基础设施、公共服务能力提升三年攻坚行动（2021—2023 年）,实施基础教育提质扩容工程、公共卫生服务能力提升工程、公共文化体育服务能力提升工程、公共社会服务能力提升工程、公共就业服务能力提升工程等,总计划实施项目 3303 个,总投资约 920 亿元。

（2）未来农村建设发展规划

基础设施是助力巩固脱贫成果、实现乡村振兴提档升级的基本条件。一是抓好交通基础设施提升,推动"四好农村路"高质量发展,优化村屯道路,推动乡村公路布局由发散型向蛛网型发展,打通乡镇、乡村之间的交通路网,特别是要大力支持乡村产业路建设,解决由交通导致的农产品卖难问题。二是抓好农村供水保障,根据区域特点、发展需求推进农村地区规模化供水工程建设,通过因地制宜、归并改造推进城乡供水一体化、小型农村供水等项目建设,加强农村饮水安全工程维修养护,改造老旧管网。三是抓好农业水利基础设施建设,扩大规模化高效节水灌溉面积,提升重点防洪工程和农田水利基础设施能力,加强中小河流治理,建设小水池、小泵站、小水渠等,推进小型灌区农田水利及节水配套。四是抓好乡村电网、通信建设,推进农村电网改造,充分发挥水电、光伏等清洁能源潜力,扩大乡村信息网络覆盖面,重点提升对发展潜力好、有带动作用的乡村旅游产业区、特色产业功能区基础设施的服务。五是抓好数字乡村设施建设,实现电子商务村村通,开展数字农业平台、农业物联网等数字农业农村基础设施项目建设。

广西壮族自治区的农村普遍面临着生态环境治理与经济落后的双重考验,特别是在一些重点生态功能区,要因地制宜创新"生态保护＋"模式,努力建设生态宜居和绿色发展型村庄。要立足广西丰富的生态资源,坚持生态优化、绿色发展,充分体现乡村特色,注重乡土味道,保留乡村风貌,提升生态宜居环境,推动绿色乡村建设,满足广大农民对美好生活的需求。在乡村风貌建设中要把生态绿色放在首位,尊重农民主体意愿,尊重地域乡土文化,突出绿色庭园、错落有致,引导农民各显神通,防止千村一面、大拆大建,乡村发展规划可采取自下而上、自上而下两相结合的方式,提高绿色乡村建设成效。结合生态文明建设、碳达峰碳中和要求,推动碳汇试点建设,探索在保护中发展、在发展中保护的乡村振兴生态循环发展模式,推进示范创建。探索"生态保护＋"公益岗位、有机农业、生态旅游、教育研学、绿色金融、文化传承等绿色发展模式,充分发挥乡村生态资源优势。通过生态补偿、石漠化治理、山林资源保护、退耕还林等环境保护工程,为当地村民提供更多环保、治理等方面的公益岗位,在吸纳零散劳动力、增加贫困户转移性收入的同时,提高群众生态保护意识。通过加强生态保护辐射带动特色农产业、休闲观光农业、乡村旅游业、文化服务业等发展。

10. 内蒙古自治区现状分析

党的十八大以来,内蒙古自治区落实党中央、国务院决策部署,决战决胜脱贫攻坚,统筹疫情防控和经济社会发展,健全防止返贫动态监测和帮扶机制,强化易地扶贫搬迁后续扶持,加强脱贫劳动力就业帮扶,农村牧区居民收入稳步增长。数据显示,2021年全区农牧民人均可支配收入达到18337元,是10年前的2.3倍;2021年,全区农牧民人均消费支出15691元,同2012年相比增长96.83%,农牧民消费水平持续提高;恩格尔系数从2012年的37.3%降低到2021年的30.1%。

(1)农村人居环境建设情况

数据显示,截至2020年,内蒙古自治区33.95%的农村牧区家庭拥有家用汽车,农牧民人均居住面积31.78 m²,自来水使用率超过62%,厨房配置率接近90%,清洁能源使用率超过20%,厕所普及率超过69%,洗澡设施配置率超过29%,农村牧区更加宜居宜业。出台户厕改建工作规范和管理办法,下达1.28亿元支持户厕改造,2020年年底完成5万户水厕改造。

2022年,内蒙古自治区印发《乡村建设行动重点任务及分工方案》,将国家关于乡村建设行动实施方案中的"183"重点任务及各项工作要求细化为24类87项具体目标任务,并逐一明确牵头单位。同时,建立乡村建设行动协调机制,实施农村牧区人居环境整治提升五年行动,推动"多规合一"实用性村庄规划编制,目前已完成6768个村庄规划编制。全区农牧民居住环境持续向好,村庄环境基本干净整洁有序,村容村貌显著提升。全区农村牧区生活污水治理率从2021年底的19.54%提升至21.45%,农村牧区垃圾收运处置体系覆盖率从2021年底的43.14%提升至58.5%。开展村庄清洁行动,共清理河塘沟渠18654处、整治断壁残垣7523 km、清运农村生活垃圾30多万 t。设立人畜分离试点村717个,持续增进农牧民福祉。蓝图绘就千般景,奋楫杨帆此其时。一幅"产业兴旺、生态宜居、乡风文明、治理有效、生活富裕"的乡村振兴新画卷,正在118.3万 km²的大地上徐徐铺开。

(2)未来农村建设发展规划

一是大力发展县域内优势比较明显的富民产业,培育龙头企业,集聚配套企业,打造一乡镇(苏木)一品、一旗(县)一业格局。二是着力扶持发展中小企业。强化资金、共性技术等服务,加快创业、创新、配套、品牌型中小企业发展。三是优化发展乡村旅游等新业态。依托大中城市5A、4A级旅游景区,优先集聚建设一批休闲农牧业精品园区和乡村旅游重点乡镇(苏木)。推动农牧业与旅游、研学科普、现代民宿、康养、光伏风力发电等产业融合发展。积极争取创建一批国家现代农业产业园区和农业现代化示范区。发挥特色小镇微型产业集聚成本低的作用,促进其向特色细分产业方向发展。落实第三轮草原生态保护补助奖励政策,积极开展林草碳汇交易。合理划定以生态为主的旗县,不再以经济发展指标为主要考核内容,并强化转移支付和人口转移转出。鼓励利用"四荒"资源,与生态建设相结合发展林果业。积极争取将呼伦贝尔市、兴安盟、锡林郭勒盟部分区域和贺兰山纳入国家公园自然保护地体系,留下原真大草原、大森林。强化对高耗水工业项目的审核,不再新建高耗水高耗能高排放、产业链短的煤制油、煤制气等项目,优先保障生活生态农业用水。鼓励农村牧区客运、货运、邮政快递融合发展,推进"四好农村路"建设,实现乡镇(苏木)通三级及以上公路、较大人口规模自然村(嘎查)通硬化路。构建和完善生活垃圾清理收运处置体系。积极解决排水和污水处理问题,务实进行户厕改建,实行质量追责制。加强边境地区、牧区苏木乡镇基础设施建设。

11. 新疆维吾尔自治区现状分析

(1) 农村人居环境建设情况

乡村美起来是高质量打赢脱贫攻坚战、全面建成小康社会的应有之义和迫切要求。2019年,新疆维吾尔自治区各地因地制宜推进农村人居环境整治工作,9180个行政村开展村庄卫生治理,实现村庄清洁行动全覆盖,14个地州市均进行了农村卫生厕所的新建、改造,农村生活垃圾和污水处理水平大幅提升,农牧民生活环境持续改善。全疆农村改厕各项工作也顺利推进,农村卫生厕所累计量达到163.65万户,普及率达50.02%。2019年10月1日,新疆首部关于传统村落保护的条例《木垒哈萨克自治县传统村落保护条例》(简称《条例》)正式施行。《条例》实施后对保护传统村落、传承地域文化、建设美丽乡村、促进旅游业发展,都起到了积极的推动作用。2022年,全区共开展1000个村庄绿化美化,新建农村卫生厕所6.1万座,农村生活垃圾收运处置体系覆盖的行政村比例达90%以上。同时,将公共基础设施建设的重点放在农村,持续推进城乡基本公共服务均等化。共完成农村公路建设里程6442 km,超额完成年度目标任务,推进公共基础设施往村覆盖、往户延伸,农村自来水普及率和集中供水率分别达到97.9%和99%。基础设施短板的补齐进一步减小了城乡差距,一个个有"里"有"面"绽新颜的村庄正成为"留得住绿水青山,系得住乡愁"的幸福家园。

新疆水利建设全面推进,助力新疆脱贫攻坚。为实施好农村饮水安全巩固提升工程,截至2019年年底,新疆已解决了34.62万贫困人口的安全饮水问题。其中,南疆四地州22个深度贫困县实施的116项农村饮水安全工程,累计完成投资33.7亿元,完成总投资的99.1%,已完工114项,完工率为98.3%。新疆3.16万人的饮水型氟超标问题已经全部解决。2019年,新疆完成投资38.3亿元,用于农村安全饮水工程建设。2019年全疆599处千人以上规模水厂"三个责任"已全部落实,"三项制度"正在加快推进。与此同时,水利基础设施建设全面推进。2019年,新疆完成投入270亿元,超额完成了年度目标任务,加快推进了阿尔塔什等10项重大水利工程建设,新开工建设了玉龙喀什、莫莫克水利枢纽工程,完成了

55 项大型灌区、31 项重点中型灌区续建配套与节水改造项目,同步实施了小型病险水库除险加固等 400 多项水利工程,全面推动了南疆贫困地区水利建设的完成。2022 年,全区已累计建设高标准农田 3600 余万亩,占耕地面积的 40% 以上,实施主要农作物病虫害绿色防控面积 3500 余万亩,绿色防控覆盖率达到 48.59%,全区畜禽粪污综合利用率稳定在 75% 以上,主要农作物综合机械化水平达到 85.5% 以上,小麦、玉米耕种收综合机械化水平分别达到 98.9%、89.7%,现代农业产业体系、生产体系、经营体系初具规模,农业质量效益和竞争力持续提升。

2014—2018 年,新疆进一步加大危房改造力度,大力实施危房改造工程,累计完成 39.54 万贫困户危房改造任务。全力推进脱贫攻坚"住房安全有保障"工作,2019 年,自治区聚焦"两不愁三保障",开工建设农村安居工程 20.02 万户,竣工 19.8617 万户,竣工率达 99.21%。其中,南疆四地州农村安居工程开工 16.24 万户,开工率 100%,竣工 16.13 万户,竣工率 99.32%;其中农村建档立卡贫困户竣工 9292 户,竣工率 100%,实现了住房安全有保障,彻底结束新疆贫困人口住危房的历史。对于百姓来说,居者有其屋是最基本的追求,居者优其屋是最幸福的追求。如今,随着新疆农村安居工程基本竣工,新疆各族群众已实现从"居者有其屋"到"居者优其屋"的转变。这些都得益于农村安居工程建设,自治区农村面貌发生了巨大变化。2022 年,全区进一步强化居民住房问题,开工建设公租房 3.17 万套、保障性租赁住房 5.31 万套、棚户区改造住房 9.84 万套,开工改造城镇老旧小区 1273 个、涉及 20.39 万户。启动实施煤改电(二期)居民供暖设施入户改造工程,完成 21 万户年度改造任务。

(2)未来农村建设发展规划

考虑到新疆各地州的发展实际,无论是从多维贫困看,还是从相对贫困看,南疆四地州都是新疆巩固脱贫攻坚成果和乡村振兴的重点地区。这里最主要的问题不再是生存问题,而是发展问题和发展成果的共享问题。目前,新疆正处在巩固脱贫攻坚成果与乡村振兴的有效衔接期,这是新疆"三农"工作的首要任务和工作重点。"十四五"时期,南疆四地州要把握好新发展阶段"三农"工作的历史方位和战略定位,坚持用乡村振兴统揽"三农"工作全局。巩固脱贫攻坚成果与乡村振兴有效衔接,实现经济发展机会最大化。

首先,强化生态保障,在推进生态文明建设与生态振兴上协同南疆四地州巩固和拓展脱贫攻坚成果,促进经济、人口素质、资源、环境的协调发展。要实现巩固脱贫攻坚成果与乡村振兴有效衔接,就必须大力改善生态建设和环境保护,为最终实现共同富裕创造必备的自然条件。在实施乡村振兴战略中,良好生态是乡村振兴支撑点,良好生态环境是乡村优势和宝贵财富。协同推进巩固拓展脱贫攻坚成果与实施乡村振兴战略,必须做好生态协同保障。一是要继续衔接好生态扶贫政策与生态振兴目标。生态扶贫政策,追求一个短期阶段内,通过参与生态扶贫,实现农民群众收入水平明显提升,生产生活条件明显改善,落后地区生态环境有效改善,生态保护补偿水平与经济社会发展状况相适应,可持续发展能力进一步提升。而生态振兴统一于乡村全面振兴之下,既有短期阶段性目标,也有长期战略性目标。生态协同保障,就是要做好两者目标衔接,通过阶段性生态扶贫奠定其生态振兴良好的生态基础,增强生态振兴发展后劲。二是要继续落实好生态扶贫政策与生态振兴关键任务。既要抓好退耕还草还林、退牧还草、天然林资源、水土保持、湿地保护与恢复等工程项目,又要抓好当前农村亟须的生态环境治理,特别是积极开展污染治理,有效改善人居环境,完善农村公共基础设施,抓好农村突出环境问题综合治理,扎实推进农村人居环境整治"三年行动"计划,推进农村"厕所革命",完善农村生活基础设施建设,将农村相对贫困群众顺利脱贫与建设好脱贫地区美丽家园协同起来,把增强经济发展落后地区可持续发展能力与实现生态振兴发展结合起来。三是要以绿色发展引领乡村振兴。绿色发展是建立在生态环境容量和资源承载力的约束条件下的科学发展模式。应充分发挥法律效力,建立健全环境保护政策,完善生态保护补偿机制,加强保护乡村整体环境立法,采取法律方式保证绿色发展和环境保护政策切实落地,通过立法来保护乡村整体环境。坚持绿色减贫理念,以绿色发展引领乡村振兴,重点从生态保护、农业新业态、农业标准化生产方面促进落后地区绿色发展。同时,加快转变经济发展方式,增强可持续发展能力、管理能力建设,不断提高环境监管水平,加快乡村振兴进程。继续以"绿水青山就是金山银山""环境就是民生,青山就是美丽,蓝天也是幸福"思想为指导,建立健全生态建设和环境保护的长效机制,将生态振兴与产业振兴融合起来,实现生态保护、经济发展、相对贫困人口致富的多赢效果。还要经常要求人们善待自然环境,维护人与自然的动态平衡,增强保护环境的责任感,不以损害后代利益为代价来满足自身需要,为南疆四地州巩固脱贫攻坚成果与乡村振兴有效衔接奠定坚实的基础。

其次,继续加强基础设施建设投资力度,优化农业生产环境。南疆四地州自然环境恶劣,部分乡村基本公共服务水平有待提升,部分乡村自然环境有待改善。一是要加强对农耕土地沙化及盐碱化的治理力度,加强农业基础设施建设,优化农业生产环境。更新改造老化较为严重的灌溉设备,完善田间工程设施,扩大耕地的有效灌溉面积,大力发展节水农业。建议今后一段时期内考虑把建设重点放在常规节水建设方面,要努力增加专项支农资金投入,调动广大农民群众参与农田水利基本建设的积极性。建议自治区大力解决南疆四地州乡村资金短缺问题,改善其住房、生产、生活条件。实施基础设施建设专项行动,加强住房安全、饮水安全、农村水利、电力、乡村道路、通信等基础设施的后期建设,切实改善和保障农民群众生产生活条件。持续加强克服洪涝、干旱等自然灾害能力,降低自然灾害给农业生产带来的不利因素影响,从而达到粮食增产、相对贫困人口增收的效果,为稳定巩固脱贫成果提供基础性支撑保障。二是要完善交通、水、电、通信等基础设施建设。过于落后的基础设施建设,将会导致农产品因交通不畅而难以卖出,农民群众无法获得及时的市场信息,农产品的商品率难以提高,进而会影响农民群众的经济性收入的增加。因此要继续围绕交通、通信、饮水、用电等建设一批大型农村基础设施。继续加强交通骨干网络的建设,通过统筹整合各类资金,重点解决乡村通硬化路的问题。加快推进南疆各县的行政村实现光纤宽带网络全覆盖。建议国家加大对南疆四地州各县特别是边境地区转移支付力度,建立边境地区转移支付的稳定增长机制,以及提高对公路、通信等建设项目投资补助标准和资金注入比例等。三是大力实施以建设美丽乡村为载体的乡村振兴战略。在南疆四地州乡村开展农村环境综合整治工程,继续实施农村"厕所革命"、生活污水处理、生活垃圾处理、畜禽养殖污染治理等项目。积极推动乡村绿化美化,实施庭院改造工程,提升南疆四地州乡村人居环境和居民生活质量。

12. 新疆生产建设兵团

（1）农村人居环境建设情况

近年，新疆生产建设兵团大力推进连队人居环境整治，如今的十八连，道路四通八达，砖红色的安居房错落有致，昔日"盐碱地上的羊圈"变为周边游客的"网红打卡地"。在乡村建设行动中，兵团持续推进人居环境整治工作，加快补齐基础设施短板，让美丽乡村有"颜值"更有"气质"。

2021年，新疆生产建设兵团完成672个连队人居环境整治提升工作，具有军垦特色的示范连队建设取得显著成效。新疆生产建设兵团城市供水普及率、燃气普及率、污水处理率、生活垃圾无害化处理率分别达到98.3%、97%、99.1%、98.9%，连队生活垃圾收运处置体系覆盖率达99%以上。兵团10个城市平均空气优良天数比例为71.9%，$PM_{2.5}$平均浓度为每立方米35.7 μg，重度及以上污染天数比例为2.2%，总体空气质量得到持续改善。为保障职工群众饮水安全，兵团组织开展集中式饮用水水源地保护专项工作，完成13个师市135个团场（乡镇）集中式饮用水水源保护区划定，完成9个师市地表型集中式饮用水水源地环境问题清理整治工作，城市集中式饮用水水源水质100%达标。兵团完成重点行业企业用地土壤污染状况调查，对基层连队3700个点位完成抽样检测分析，六师五家渠市、七师胡杨河市农田残膜量同比降幅超过50%，1400个连队的生活污水得到有效管控，占比达75.2%。为进一步推动环境质量持续改善，兵团积极推进环境监测网建设工作，五年来，兵团6个生态环境监测站挂牌成立，13个师市生态环境监测站相继挂牌，兵团辖区内共布设1000余个各类环境质量监测点位，确定32个重点生态功能区考核县域的环境质量监测点位，初步形成了涵盖水、大气、土壤和声环境的生态环境质量监测网。

"十三五"期间，兵团基本公共文化服务标准化、均等化建设深入推进，一批文化惠民重点工程相继完成，建成各类公共文化服务设施1524座。目前，兵团共有图书馆6座，美术馆3座，团场综合文化活动中心190个，连队文化活动室1916个，各级各类博物馆、纪念馆81座，较好地满足了职工群众的精神文化需求。构建覆盖兵团、辐射地方的现代公共文化服务体系，兵团始终坚持文化共建共享，各师市、团场公共文化体育设施向周边地方群众免费开放，切实发挥辐射地方、带动周边、服务兵地群众的作用。2022年，兵团团场面貌进一步改善，团场连队公共基础设施持续完善，基本公共服务均等化水平不断提升；完成511个连队人居环境整治提升工作，五师双河市跻身国家乡村振兴示范县创建单位，3个团场荣获全国村庄清洁行动先进县称号。

（2）未来农村建设发展规划

新疆生产建设兵团的未来农村建设情况同样按照党中央对2035年远景目标的战略安排，从实际出发，提出与全国同步基本实现社会主义现代化远景目标。主要目标是：兵团综合实力大幅跃升，经济总量和城乡居民人均收入迈上新台阶，兵地发展深度融合；产业链关键环节实现创新突破，切实发挥先进生产力示范区作用，基本实现新型工业化、信息化、城镇化、农业现代化，基本建成现代化经济体系；全面深化改革、依法治兵团取得显著成效，组织优势和动员能力有效发挥，基本实现治理体系和治理能力现代化；文化润疆取得重大成效，先进文化示范区建设加快推进，中华民族共同体意识深入人心，职工群众素质和社会文明程度全面提高；推动形成绿色生产生活方式，生态环境根本好转，基本实现美丽兵团建设目标；

融入丝绸之路经济带核心区建设大局和国家向西开放总体布局，形成内陆开放和沿边开放新高地；基本公共服务从基本均衡迈向优质均衡，平安兵团建设达到更高水平，职工群众获得感、幸福感、安全感大幅提升，人的全面发展、全体人民共同富裕取得更为明显的实质性进展。

牢固树立"绿水青山就是金山银山"的理念，切实履行好生态卫士职责，实行最严格的生态保护制度，坚决守住生态保护红线、环境质量安全底线和自然资源利用上限，加强水资源集约节约利用，持续打好污染防治攻坚战。建立促进绿色发展的体制机制，探索构建绿色低碳循环发展的经济体系，加快形成资源节约、环境友好的生产方式和消费模式，能源资源开发利用效率明显提升。全面改善人居环境，推动生活方式绿色化。建设经济社会发展和生态环境保护协调统一、人与自然和谐共处的美丽兵团。

进一步加快农村基础设施智能化改造。开展地下市政基础设施普查，建设综合治理信息平台，推进地下市政基础设施补短板和老旧设施改造。提升城市交通设施能力与品质，增强农村供水能力和城市燃气供应保障能力，补齐农村排水防涝设施短板，提升农村污水处理效率，推进农村清洁取暖供热、通信网络保障，开展农村照明节能改造，消除城镇各类照明盲点暗区，加快绿色城镇建设和改造，推进农村生活垃圾分类和再生利用，因地制宜发展海绵城市，推进园林城市建设。到 2025 年，管道燃气普及率、农村污水集中收集率、农村生活垃圾回收利用率分别达到 85％、70％和 35％。

近年来，兵团将改善人居环境作为新型城镇化建设的重要内容，大力推进连队居住区整治和转型发展，人居环境明显提升。但由于各师发展不平衡，连队发展水平和层次不同，所亟待解决的农村人居环境内容存在明显差异，连队居住区脏乱差等环境问题还不同程度存在；缺乏指导性强的顶层规划，缺乏针对性强、操作性强的建设标准体系与可长效管护的机制，是制约兵团团场连队人居环境提升的瓶颈。因此，需要正视兵团团场连队人居环境发展的瓶颈及区域不平衡现状，明确人居环境整治工作的优先顺序，积极探索未来差异化推进兵团团场连队人居环境整治提升的路径。

下　篇

实践篇

5 兵团团场连队人居环境整治标准体系建设及示范连队筛选实证研究

5.1 研究目标和内容

5.1.1 研究目标

本书总体研究目标为：以兵团连队人居环境整治发展水平评估和功能定位为基础，以不同定位功能下标准体系制定和精准培育示范连队筛选为核心，以差异化人居环境整治发展路径的实现为目标，从"全面摸底、标准体系制定、示范连队筛选、实证示范"各环节系统地提供符合兵团人居环境整治建设需求的技术支撑，形成一系列核心技术文件，为后续兵团连队人居环境整治提供决策依据。

5.1.2 研究内容

1. 兵团团场连队人居环境建设水平评估与发展目标定位研究

对兵团团场连队的人居环境发展水平的摸底是兵团人居环境整治顶层规划的首要前提，本书以兵团全域范围内的南北疆代表性的师市各团场连队为研究对象，从团场连队的区位特征、产业集群特征、资源禀赋水平、城镇化水平、人口密度、人均 GDP、人居环境建设阶段、发展水平（连队环境卫生状况、厕所革命、基础设施完善程度、村容村貌质量、社会服务状况）等指标展开调查与评估，对兵团团场连队的人居环境整体发展水平进行摸底，通过问卷调查法与结构方程模型展开居民对人居环境的满意度调查；针对评估和调查结果，对团场连队进行分类，进而明确各兵团团场连队的发展功能定位；根据人居环境建设特点，将兵团团场连队划分成旅游特色型、美丽宜居型、提升改善型、基本整洁型等不同类型，为兵团团场连队人居环境精准发展目标定位与差异化建设标准制定提供依据。

2. 兵团团场连队人居环境整治建设内容、建设程序与标准体系制定研究

根据兵团团场不同定位下的连队人居环境发展现状和实际需求，构建内容科学、结构合理的连队人居环境标准体系框架。体系分为三个层级，第一层级包括综合通用、连队厕所、连队生活垃圾、连队生活污水、连队村容村貌、长效管护机制标准子体系。第二层级由第一层级展开，包括 6 个综合通用要素、4 个连队厕所要素、4 个连队生活垃圾要素、3 个连队生活污水要素、5 个连队村容村貌要素。第三层级由第二层级展开，对相应标准要素作出进一

步细化分类,构建较为完善的标准体系,具体包括:连队厕所标准(卫生标准、设施设备标准、建设验收标准、管理管护标准);连队生活垃圾标准(分类收集标准、收运转运标准、处理处置标准、监测评价标准);连队生活污水标准(设施设备标准、建设验收标准、管理管护标准);连队村容村貌标准(连队水系标准、连队绿化标准、连队公共照明标准、连队公共空间标准、连队保洁标准)。建立健全兵团团场连队人居环境标准体系,并展开长效管护机制研究,提出可持续的管理运行办法,最终形成协调配套、协同发展的标准化工作机制,为农村人居环境改善提供有效的标准支撑。

3. 兵团团场连队人居环境整治差异化发展路径与示范连队筛选评价实证研究

兵团团场连队准确的功能定位是差异化发展的前提。本书根据团场连队不同的发展模式,不同功能定位(旅游特色型、美丽宜居型、提升改善型、基本整洁型),依据 GSC 模型法从发展定位、产业发展策划、基础设施建设、连队生活垃圾处理、村庄特色风貌指引、文化附加值提升、长效管护机制、政策制度保障等多方面进行差异化的发展路径研究,并以示范连队筛选为目标,针对各师市要培育1~2个空间布局合理、基础设施完善、建设管理一体化水平高的团场开展试点示范创建,通过层次分析法和德尔菲法在已建构评价指标体系的基础上构建判断矩阵,从而构建全面可量化的模型,以此来筛选评价出兵团全域范围内具备发展潜力的可精准培育的示范连队对象,为高起点规划、高水平设计、高质量建设示范连队提供理论依据与实证研究,用以引导和规范兵团团场连队人居环境整治的建设进程。

5.2 研究思路

针对兵团团场连队人居环境整治过程中存在的问题,本书首先通过实地调研法、文献法与问卷调查法,从全域范围内展开兵团团场连队人居环境整治发展水平评估,进而根据其区位优势、产业特色、人居环境建设阶段、发展水平总结梳理出兵团团场连队人居环境整治差异化的功能定位;其次根据兵团团场不同定位下的连队人居环境发展现状和实际需求,构建内容科学、结构合理的连队人居环境标准体系框架,为农村人居环境改善提供有效的技术支撑;再次选取 GSC 模型建立可量化的示范连队筛选评价体系,筛选出兵团团场连队人居环境整治精准培育的对象;最后根据筛选出的精准培育对象所处的不同发展阶段,提出不同发展模式下的兵团团场连队人居环境整治差异化的发展路径,并通过实证研究加以验证,为兵团团场连队人居环境整治提升提供技术支撑和决策参考。

5.3 研究方法

5.3.1 问卷调查法与实地调研相结合

1. 实地调研法

我们结合年鉴数据的整理,对兵团团场连队的人居环境建设阶段、发展水平(连队环境卫生状况、厕所革命、基础设施完善程度、村容村貌质量、社会服务状况）等展开实地调研。

2. 文献法与问卷调查法

我们通过年鉴对团场连队的区位特征、产业集群特征、资源禀赋水平、城镇化水平、人口密度、人均 GDP、自然资源、产业结构、人口特征等进行梳理；通过问卷调查法对居民人居环境满意度开展研究。

5.3.2　定性与定量分析相结合

1. GSC 模型法

GSC 模型被广泛应用于发展潜力评价指标体系的构建，即通过内在基础力、保障支持力、核心吸引力 3 个因素为基本框架，筛选出涵盖兵团团场连队人居环境相关的生态环境、经济发展、居住条件、公共服务和基础设施 5 个维度的评价指标要素，明确影响人居环境整治差异化发展的因素。

2. 结构方程模型

结构方程模型能够用于分析研究过程中所涉及的潜变量间的复杂关系，它是基于变量间的协方差矩阵对变量间的关系进行分析的一种统计方法。根据居民对于当前连队人居环境状况的实际满意度评价，运用结构方程模型找出影响连队人居环境系统的关键性因素，提出优化人居环境系统的可行性路径，为有效改善兵团连队人居环境提供政策性建议。

3. 模糊综合评价法

借助模糊数学的一些概念，对实际的综合评价问题提供评价，即模糊综合评价以模糊数学为基础，应用模糊关系合成原理，将一些边界不清、不易定量的因素定量化，进而进行综合性评价。

6 兵团团场连队人居环境建设水平评估与发展目标定位研究

6.1 兵团团场连队人居环境建设发展现状调查研究

6.1.1 兵团团场连队人居环境建设水平调查方法

1. 调查内容及体系

从团场连队的区位特征、产业集群特征、资源禀赋水平、城镇化水平、人口密度、人均GDP、人居环境建设阶段、发展水平（连队环境卫生状况、厕所革命、基础设施完善程度、村容村貌质量、社会服务状况）等指标展开调查并评估，详细的调查内容及体系如图6-1所示。

2. 样本选择

由于各师发展不平衡，各连队发展水平和层次不同，所亟待解决的人居环境内容存在明显差异，本书针对代表性的师市团场连队展开详细调研，对兵团团场连队的人居环境整治及各师发展水平进行摸底。

此次调查涵盖兵团南北疆代表性的第一师5个团场16个连队、第二师6个团场19个连队、第七师12个团场182个连队、第八师7个团场85个连队、第九师7个团场24个连队，共计收回326个连队的5762份有效问卷。

3. 问卷发放情况

调查涵盖第一师5个团场，涉及一团9个连队，七团4个连队，八团1个连队，十一团1个连队，十五团1个连队，共计收回16个连队的107份有效问卷。

第二师6个团场，涉及二十一团1个连队，二十三团1个连队，三十团1个连队，三十一团7个连队，三十二团5个连队，三十三团4个连队，共计收回19个连队的211份有效问卷。

第七师12个团场，涉及一二三团20个连队，一二四团17个连队，一二五团23个连队，一二六团14个连队，一二七团14个连队，一二八团16个连队，一二九团16个连队，一三〇团15个连队，一三一团17个连队，一三七团13个连队，第一团14个连，奎屯农场3个连，共计收回182个连队的4189份有效问卷。

第八师7个团场，涉及一二一团32个连队，一二二团22个连队，一四二团1个连队，一四三团14个连队，一五〇团8个连队，一五一团2个连队，一五二团6个连队，共计收回85个连队的767份有效问卷。

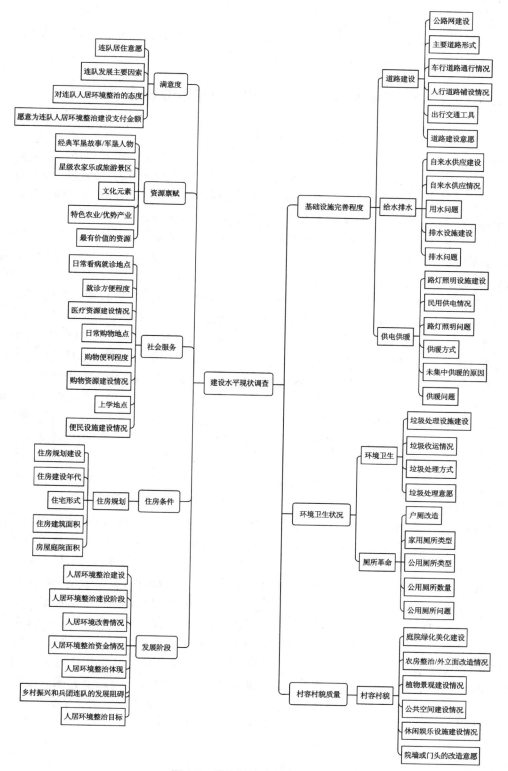

图 6-1 详细调查内容及体系

第九师 7 个团场,涉及一六一团 8 个连队,一六二团 1 个连队,一六三团 7 个连队,一六四团 2 个连队,一六六团 1 个连队,一六七团 1 个连队,一七〇团 4 个连队,共计收回 24 个连队的 488 份有效问卷。

6.1.2　兵团团场连队人居环境建设水平现状调查结果分析

1. 资金投入情况

兵团农业农村局公开信息显示,2021 年,兵团完成 672 个连队的人居环境整治提升工作,具有兵团军垦特色的示范连队建设取得显著成效,共规划 776 个生产生活一体化连队和 1051 个作业点连队具体建设内容,在完成兵团连队人居环境整治三年行动目标任务的基础上,全要素建设生产生活一体化连队,突出生产性功能建设作业点连队。

兵团连队居住区人居环境整治工作推进协调小组在抓规划、抓标准、抓示范、抓资金、抓产业等方面重点发力,量化生活垃圾、污水治理、厕所革命、连容连貌提升等工作指标,连队整体面貌发生了深刻变化。其中:①连队卫生厕所逐步普及。全面摸清团场连队改厕基数,摸排问题厕所 4099 个,整改率达 97.4%,稳步扩大连队卫生厕所普及范围,新建户厕 12851户。②连队生活垃圾治理水平不断提高。连队生活垃圾收运处置体系覆盖率达到 99%,在 29 个连队开展生活垃圾分类试点,1400 个连队生活污水得到有效管控,建设 367 座集中污水处理设施。③连容连貌焕然一新。整治危旧房屋 5987 户,新改建 2500 户;建成标准化连队卫生室 693 个,生产生活一体化连队公共文化设施覆盖率超过 90%,体育健身器材覆盖率达 100%。④长效管护机制逐步完善。各师市通过网格化管理,制定"连规民约",落实"门前三包",设立"荣辱榜""红黑榜",开展"美丽庭院""生态卫士"评选等方式,定期进行检查评比公示,评选美丽庭院 500 余户;设置连队保洁公益性岗位 3710 个,确保连队公共环境长期保持干净整洁。

2021 年,兵团扎实推进连队人居环境整治,以连队居住区垃圾、生活污水治理、住房安全和硬化亮化绿化美化等提升连容连貌项目为主攻方向,整合各种资源,强化各种举措,稳步有序推进连队人居环境突出问题治理。截至 2021 年 10 月,兵团已累计建设入户道路 1161 km,安装公共照明路灯 11592 盏,连队绿化覆盖率达到 25% 以上,改造连队旧房 5307套,连队生活垃圾收运处置体系覆盖率达到 99%,兵团连队的"颜值"越来越高。"十四五"期间,兵团将加大对连队绿化美化支持力度,重点加强生态资源保护、增加生态资源总量、发展绿色生态产业,积极建设美丽宜居连队。预计到 2025 年,兵团连队居住区绿化率达 30%。

2021—2022 年,各师市持续投入进行人居环境整治,兵团七师以连队垃圾不乱堆乱放、污水不乱泼乱倒、杂物堆放整齐、房前屋后干净整洁、连容连貌明显提升、建立长效清洁机制为目标,围绕完成 9 个一体化连队和 65 个作业点连队人居环境提升工作任务目标,在各项政策支持下,筹集资金 6.3 亿元,着力打造美丽连队;兵团八师大力实施乡村振兴战略,挂牌成立乡村振兴局。优化团场连队发展布局,改造"三供一业"设施,提升 33 个居住区连队和 140 个作业点连队人居环境;兵团九师整合各类项目资金 2.88 亿元用于连队人居环境整治提升工程,其中用于 1/3 连队改造提升达 2.38 亿元,平均每个连队投入 820 万元,全师房屋已提升改造共 1037 户,庭院已提升改造共 1012 户,落实补助资金 2127 万元,撬动职工投入资金 3554 万元。

2. 人员概况

此次调查中,有 40% 以上居民都是年龄在 36~50 岁的中年人,出现了连队青年劳动力缺乏的现象;居民中约 70% 的是初中、高中文化程度,约 23% 的居民是大学及以上的文化程度,兵团连队的居民受教育文化程度高;居民主要收入来源是农业生产经营收入,其他收入渠道还需拓展。

在调查的 5762 份问卷中,有 55.05% 是男性,44.95% 是女性。民族方面,有 94.29% 都是汉族,有 3.18% 是回族,哈萨克族和维吾尔族分别是 0.75% 和 0.69%,还有 1.09% 的居民是其他民族。政治面貌方面,约 75% 的人都是群众,中共党员占 13.87%,有 8.61% 的共青团员和 3.10% 的中共预备党员。

家庭常住人口方面,38.81% 的家庭常住人口是 3 人,常住人口 4 人的占比为 25.72%,常住人口为 2 人和 5 人及以上的分别占 17.81% 和 12.84%,常住人口为 1 人的占比为 4.82%。年收入分布上,3 万~5 万元的占 31.22%,1 万~3 万元的占 27.70%,5 万~8 万元的占 21.17%,1 万元以下和 8 万~12 万元的占比都为 8% 左右,12 万元以上的占 3.11%。收入来源方面,有大概 75% 的人都是靠农业生产经营收入,靠务工收入的占 28.27%,7% 的居民收入来源是非农业经营收入、乡村旅游收入、转移性收入和财产性收入,还有约 10% 的居民收入来源是其他的收入。

人员信息统计图如图 6-2 所示。

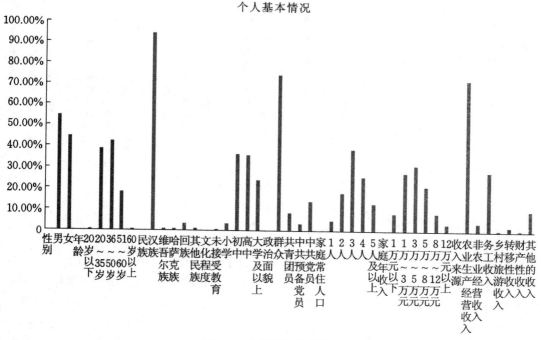

图 6-2　人员信息统计图

3. 产业特征

调查显示,一半以上的连队没有经典的人物形象、没有星级的农家乐和景区,说明文化资源塑造不够完善,旅游资源、休闲农业还有待挖掘,可以根据连队特有的文化元素、产业和资源等开始建设和完善。

在连队文化元素的调查上,有一半的连队文化元素是军垦精神,17.81%的是传统民居,4.37%的是特色美食,民间艺术和名胜古迹只占了1%左右,还有四分之一的人表示自己所在的连队是其他类型的文化元素。连队特色产业或优势产业方面,大部分的都是种植业,占到了90%,林果业和畜牧业都是4%左右,还有约2%的加工业和观光休闲农业。大部分居民认为所在连队最有价值的资源是土地资源,劳动资源约占20%,特色农产品资源约占12.7%,旅游资源占2.9%,矿产资源占0.12%。

产业特征分析图如图6-3所示。

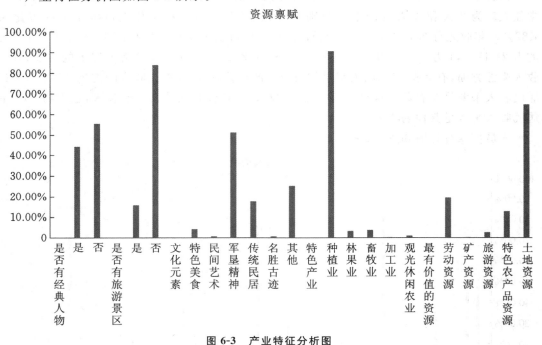

图 6-3　产业特征分析图

4. 基础设施完善程度

(1) 道路建设情况

道路建设方面,70%的居民表示所在连队建设了完整的公路网,有30%的居民表示还没有建设完整的公路网,各个连队的道路网基本建设完成,但是人行道路全部铺设的连队也只有约20%,由此可见人行道路铺设还不够通达,需要进一步根据居民需求完善人行道路。

连队道路中,有大约55%的连队主要道路是柏油路,有24.3%的连队主要道路是水泥路,泥土路和石板路作为主要道路的连队占17.7%和2.71%。有近一半的连队车行道路通行情况是全部通畅,38%的连队车行道路是基本通畅,还有约12%的连队居民表示车行道路部分通畅。在出行的交通工具选择上,大部分的居民是骑电动车出行,32.77%的居民是开小汽车,骑摩托车出行的占11.18％,还有小部分人骑自行车、开农用车和坐公交车。调查居民对连队的道路建设意愿中,有32.89％的居民认为先新建、改建连队内部道路,认为应改善连队对外的通行条件的人占14.7％,支持提高连队道路养护质量和支持增加道路两旁绿化的人分别占14.18％、13.21％,有10.26％的居民认为应该提高重要生活节点的通达水平。

道路建设情况分析图如图6-4所示。

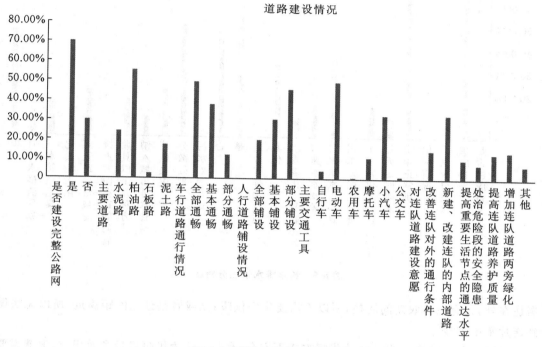

图6-4 道路建设情况分析图

（2）给水排水情况

给水方面大多数连队是供应自来水的,自来水供应情况非常完善。但是污水处理方式只有10％左右的连队采用纳入城市排水管网,说明大部分连队污水处理水平还需提升。

自来水供应情况中,约75％的居民表示全年正常供水,约10％的居民表示每天定时供水,近15％的居民反映供水不正常,经常停水。供水方面存在的问题主要是自来水水压不足,占到了35.6％,还有20.55％居民反映自来水水质差,有近10％的居民表示水管老化,暴露在外,少部分居民认为没有什么问题。在排水方面有一半以上的被调查居民表示有排水设施,约45％的居民反映没有排水设施。在排水方面存在的问题,雨天路面常被淹占22.49％,下水管道返臭占16.33％,污水横流现象和化粪池老化分别占8.23％和4.6％,在其他问题里,大多数居民表示没有排水设施。

给水排水情况分析图如图6-5所示。

（3）供电供暖情况

调查显示,有65％的连队已经有了照明设施,还有35％的连队照明设施不完善,民用供电情况已经基本达到所有人满意。供暖方式只有12％是采用了集中供暖,或许是因为常年

给水排水情况

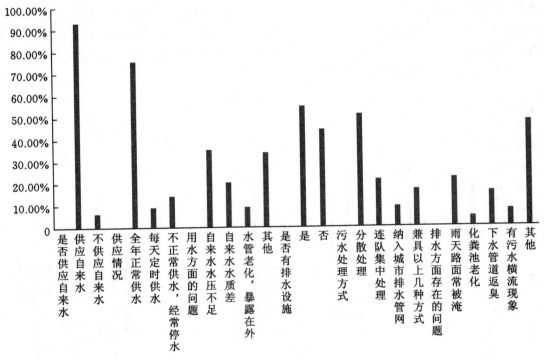

图6-5 给水排水情况分析图

居住在外,只有在务农期间居住,所以不需要集中供暖;又或者是住宅间距离远,所以无法做到连片集中供暖。

供暖方面的问题,有些人认为供暖方式不安全,有些人认为供暖质量和效果差,那就需要连队多开展安全教育宣传,采用一些新能源供暖、改造供暖的工具以提升供暖质量和效果。

在供电情况方面,32.47%的居民反映从不停电或者极少停电,63.5%的居民反映有时会停电但不频繁,4.03%的居民反映不正常供电,经常停电。在照明方面存在的问题,有58.31%的居民表示数量不足,部分重要路段没有设置路灯;反映照明效能差,太阳能路灯冬季不亮,这一部分占14.82%;还有11.63%的居民反映照明设备分布不合理,有照明死角;反映照明设施造型不美观和照明设施损坏严重、缺乏检查维修的占比较少,分别占9.18%、6.06%。在没有集中供暖的原因中,有45.28%的居民选择的原因是常住居民较少;住宅距离太远,无法连片供热,这一选项人数占37.85%;有16.87%的人选择是建筑施工投入较大。

供电供暖情况分析图如图6-6所示。

5. 环境卫生情况

(1)垃圾处理情况

环境卫生方面,80%以上连队的公共场所都有垃圾收运和集中处置设施,说明各个连队的环境卫生还是较为整洁的,但是也有一些存在的问题需要处理和改善,例如有近45%的居民反映垃圾桶数量不够等,那就要增加垃圾桶的数量,根据具体问题去找到解决问题的办法,进一步改善连队的环境卫生情况。

供电供暖情况

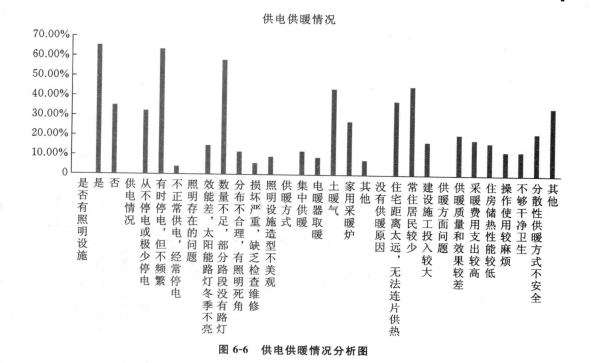

图 6-6　供电供暖情况分析图

垃圾收运情况中,约 70% 的居民反映垃圾是定期派人清理的,有 16.33% 的居民反映是村民自发清理,清理频率低、无专人打扫占比分别为 6.18%、4.25%,极少数的居民不太清楚情况。垃圾处理主要方式,市政收集后分类处理和转运至垃圾站焚烧都约占 33%,卫生填埋处理方式占 27.3%,垃圾随意堆放占比为 5.55%。所在连队在垃圾处理方面存在的问题中,有 44.19% 的居民认为垃圾桶或垃圾收集点较少,21.12% 的居民表示垃圾未分类收集,认为垃圾桶及垃圾收集点未按时清理和比较脏的分别占 11.75%、6.46%。

垃圾处理情况分析图如图 6-7 所示。

(2) 厕所革命

对连队厕所调查研究中,约 80% 的连队进行过户厕改造,但 49.58% 的居民家里和 44% 的连队公共厕所还是旱厕,说明连队厕所改造不深入,还需要逐步推进厕所革命入连,切实提高改厕质量。

公厕数量方面,约一半连队有 1 个公厕,四分之一的连队有 2 个公厕,有 3 个及 3 个以上公厕数量的连队占 18.57%,还有 8.78% 的连队没有公厕。公厕方面存在的问题中,17.84% 公厕指路牌不清楚,约 15% 的公厕没有残疾人厕所,15% 公厕卫生脏乱差,13% 公厕无人管理,公厕外立面差和女厕所坑位不够分别占 5.57%、1.44%,在 32.21% 的其他问题中大多是没有公厕和公厕不开门。

厕所革命情况分析图如图 6-8 所示。

6. 村容村貌质量

(1) 住房情况

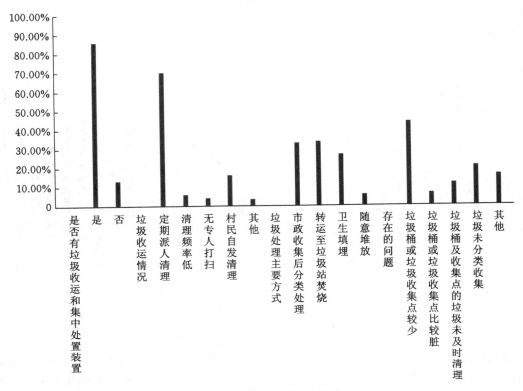

图 6-7 垃圾处理情况分析图

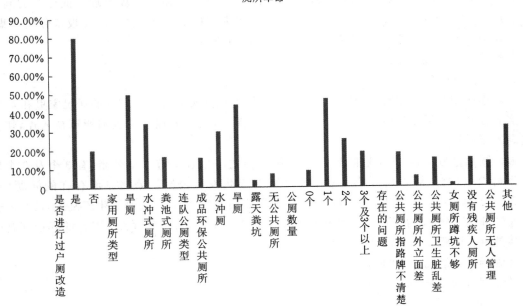

图 6-8 厕所革命情况分析图

在对连队居民住房规划的调查中,有近四分之三的居民反映连队进行过统一的住房规划,约四分之一的居民反映没有规划过,由此看来,兵团连队的住房规划建设情况比较全面,但是大部分房屋是 2009 年之前的平房,房屋比较老旧,需要根据连队性质和发展状况逐步更新。

居民住房面积多集中在 60~80 m²,这部分占比 37.3%,然后依次是 50~60 m²、80 m²以上、30~40 m² 和 40~50 m²,占比分别是 23.05%、15.83%、12.43% 和 11.4%。连队居民住房庭院面积占比最高的是 40~60 m²,占比为 27.02%,60~80 m² 的占比为 21.14%,80~100 m² 和 100 m² 以上的占比分别为 17.55%、16.12%,还有 18.17% 的居民表示住房没有庭院。对居民的居住集中时长调查中,数据反映出有 50% 以上的居民仅在务农期间居住在连队住房内,有大概 20% 的居民一直居住,偶尔居住的占 13.61%,还有 7.67% 的居民表示连队住房是闲置的。居民的住房意愿,希望原址不变、连队内新建住房和原址更新提升的占比都是约 25%,有约 10% 的居民选择就近安置新的住房,放弃住宅选择货币补偿和住宅自愿归还连队的占比分别为 2.99%、2.03%。

住房情况分析图如图 6-9 所示。

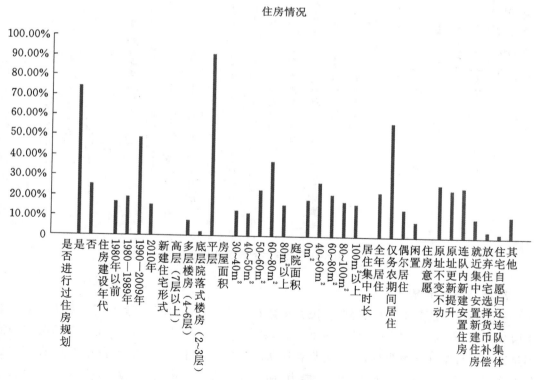

图 6-9 住房情况分析图

(2)村容村貌

居民对连队植物的印象,只有 20% 的居民反映连队植物种类丰富,由此可见连队植物景观建设不够,需深入开展连队绿化美化行动。对公共空间的印象中,认为规划较为合理和规划合理的分别占 9.93％、12.17％,说明连队公共空间建设不够科学,还需要寻找专业人士进行合理的规划和改造。休闲娱乐设施方面,只有 6.77％的居民反映休闲娱乐设施种类较齐全,所以休闲娱乐设施建设有待加强。

村容村貌方面,有 72.86％的居民房前房后都进行过绿化美化,有 27.14％的居民房屋没有进行过绿化美化。房屋外立面改造方面,有 71.9％的居民房屋进行过外立面改造,有 28.1％的居民房屋没有进行过改造。居民对院墙和门头的改造意愿中,约 75％的居民希望统一样式实施改造,约 25％的居民希望自主规划实施改造。

村容村貌情况分析图如图 6-10 所示。

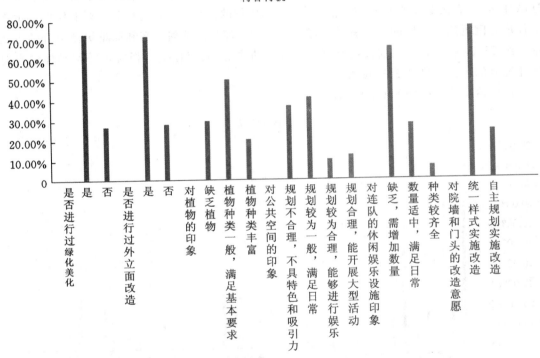

图 6-10 村容村貌情况分析图

7. 社会服务情况

从问卷反馈的数据可以看到,居民大多数看病的地点是团部医院,只有少数去连队内卫生服务站,只有约一半的居民认为看病方便,约 45％的居民认为自己所在连队的医疗资源不足以应对日常和突发事件,由此可见各连队的医疗资源建设情况并不合理完善,还要提高各连队卫生服务站的业务能力和综合能力,而且要加大力度建设卫生站等基层医疗机构,把卫生站建设成为小型医院,可以做一些常规检查。

在购物方面,连队大多数居民选择的购物地点是团部超市或商场,只有 16.68％的居民是去连队商店购物,大多数居民认为购物方便且一般可以满足日常需求,那么得出结论就是大部分连队的购物资源已经显著提升,还需进一步挖掘连队消费能力,增强居民的消费意愿。

　　调查家庭成员在哪儿上学的问题中,有 62.57% 的是在团部上学;在师部上学的有 3.4%;在本连队和附近连队上学的很少,占比为 2.27%,说明各个团部教育资源建设基本完善,但是连队里的教育资源建设并不完善。

　　在调查应该为所在连队增加什么设施的问题中,有 22.49% 的居民认为应该增加监控等安全防范设施;有 18.86% 的居民认为应增加图书馆等文化设施;有 17.96% 的居民认为应该增加座椅等休闲娱乐设施;认为应该增加商业设施、垃圾回收设施、快递设施、养老设施、其他设施的分别占 10.71%、9.04%、6.33%、3.18% 和 11.42%。

　　社会服务情况分析图如图 6-11 所示。

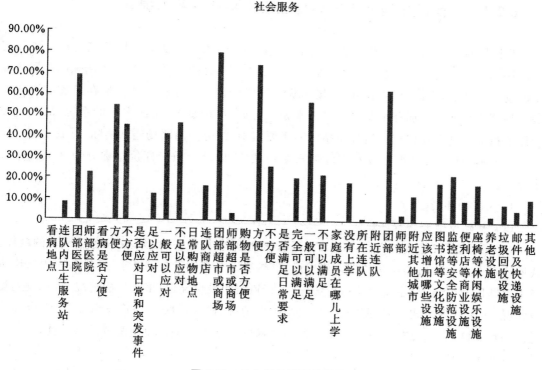

图 6-11　社会服务情况分析图

6.2　兵团团场连队人居环境建设水平评估研究

　　农村人居环境是农村居民生活所需物质和非物质的有机结合体。新疆生产建设兵团作为重点种植区,其农村人居环境受到极大关注,但总体水平依旧较低。我们运用模糊综合评价定量评价兵团团场连队人居环境的质量,将评价结果可视化,进而探讨其差异化发展路径,找寻影响兵团团场连队人居环境发展的影响因素,从而更加有针对性地探寻改善农村人居环境的方式,以期提高农民生活质量。

兵团团场连队人居环境与农村人居环境概念类似,是一种以兵团职工为主体对象,在兵团地域范围内进行居住生活、耕作工作、交通出行等生产生活活动,在认识自然、利用自然及改造自然的过程中形成的人与自然相互融合的总体,是满足兵团职工生存和发展的外部环境的总和。兵团团场连队人居环境质量是反映兵团团场连队发展状况的综合性概念,指兵团团场连队发展状态、协调程度、水平高低的程度。兵团团场连队人居环境质量的核心是"人",兵团团场连队人居环境质量的内涵应该从兵团团场连队人居环境的内在出发,以住房条件、农村经济、基础设施、服务设施、生态环境等方面综合协调能力发展所体现。

6.2.1　兵团团场连队人居环境建设水平评价要素提取

兵团团场连队人居环境质量评价,就是对某一兵团团场连队的人居环境进行定量和定性的评述,其目的在于通过人们对人居环境质量变化的表述,评价该兵团团场连队人居环境整治发展的状况,进而可使该兵团团场连队人居环境朝着更有利于社会生存发展的方向发展。兵团团场连队人居环境是一个多因素相互协调、结构复杂、层次多样的系统,故人居环境评价指标的选取应根据人居环境整治的重要因素,结合兵团团场连队实际,形成一定的评价要素,进而使评价结果更具有实际性与全面性,人居环境质量评价指标分为 2 个目标、7 个要素。

1. 人居硬环境

(1) 基础设施完善程度

基础设施不仅是改善人居环境的物质基础,也是农村经济、社会、文化各项活动的载体。我们通过调查兵团团场连队基础设施建设概况、居民对基础设施的需求,统计兵团团场连队各地道路网建设情况、主要道路通行情况、人行道路铺设情况、自来水供应情况、排水设施建设情况、污水处理方式、路灯照明情况、民用供电情况、民用供暖设备建设情况等,综合描述兵团团场连队基础设施配置情况、急需加强的基础设施以及基础设施配置的差异性。

(2) 环境卫生状况

环境卫生是人居环境建设的基础,是居民生活环境得到改善的体现,是兵团团场连队生活、文化、各项活动的载体。我们通过对垃圾处理设施、垃圾收运情况、垃圾处理方式、户厕革命建设情况、厕所类型等方面的调查,可以反映出兵团团场连队人居环境的改善情况。

(3) 住房条件

连队人居环境的核心是"人",而住房条件是居民最关注的需求。同时,住房条件是构成连队人居环境的主要因素,是改善人居环境的基础。房屋质量与居住环境是决定住房条件的主要因素,通过对住房规划建设、住宅形式、住宅面积、庭院面积、居住时长等因素的统计,可以反映出居民的现实生活环境。

（4）村容村貌质量

村容村貌建设是连队人居环境可持续发展的基石,也是人居环境水平的直接体现。村容村貌质量不仅体现在连队的生态资源条件上,还包括连队绿化、生活空间建设、公共空间建设、公共服务设施、庭院美化、农房整治等因素。

2.人居软环境

（1）产业集群特征

产业竞争力是一个国家或地区产业对于该国或该地区资源禀赋结构(比较优势)和市场环境的反映和调整能力。产业集群是从整体出发挖掘特定区域的竞争优势,突破了企业和单一产业的边界,着眼于一个特定区域中,这样可以从一个区域整体来系统思考经济、社会的协调发展,可能构成特定区域竞争优势。我们将从兵团团场连队具有的典型故事、典型形象、星级旅游景区、文化元素、特色产业优势产业、资源禀赋等方面进行调查,尽量完整地展现兵团团场连队的产业竞争力。

（2）社会服务情况

公共设施是指为市民提供公共服务产品的各种公共性、服务性设施,社会服务设施对提高人居环境总体水平与可持续发展具有重要作用。社会服务可分为教育、医疗卫生、文化娱乐、交通、体育、社会福利与保障、行政管理与社区服务、邮政电信和商业金融服务等。我们将从各个方面进行调查,全面展现兵团团场连队公共服务的发展情况。

（3）经济负担

经济是促进人居环境发展的持续动力。兵团团场连队人居环境建设并非一朝一夕,合理提高兵团团场连队经济有利于农村人居环境的可持续发展。我们将从居民的家庭人口数、家庭年收入、家庭年收入来源等方向分析兵团团场连队目前的经济状况及未来发展方向。

兵团团场连队人居环境质量评价指标见表6-1。

表 6-1　兵团团场连队人居环境质量评价指标

目标	因素
人居硬环境	基础设施完善程度
	环境卫生状况
	住房条件
	村容村貌质量
人居软环境	产业集群特征
	社会服务情况
	经济负担

6.2.2 兵团团场连队人居环境质量评价指标构建

1. 构建原则

农村人居环境质量评价是一项复杂的系统工程，涉及住房、经济、设施、生态等多个方面，且应有利于对人居环境质量水平进行横向与纵向的比较。故在众多的指标中筛选出那些最灵敏、最便于度量且内涵丰富的主导性评价指标是非常重要的。因此，农村人居环境评价指标的选择和设置必须抓住其发展过程的主要方面和本质特征，突出反映农村人居环境的重点指标，尽可能用少而精的指标把要评估的内容表达出来。构建一套全面、综合、科学的指标评价体系应遵循以下原则：

（1）以人为本原则

人、居住、环境、社会、自然是构成人居环境的五大要素，其中"人"是居于首要地位的。忽视了人及人类活动的聚居环境，不能称之为"人居环境"。在选取关于农村人居环境建设的要素时，应着重体现与人类居住有关的要素。

（2）科学性原则

要构建一个指标体系，必须要能够准确地反映有待评价的内容本质特征、基本内涵和发展的真实情况，本书所选数据来源于统计年鉴及村镇建设年报，具有权威性，并且在数据的处理上采用科学规范的方法。

（3）可获取性原则

评价指标应当选用与国内外统计部门和业务部门相关规范、标准要求相一致的指标，使指标标准化、规范化，以保证评价指标体系的实用性和量化的精度。本书农村人居环境评价的对象达到区县，因此要让各地区的数据均可获取，这样评价结果才具有可比性，并能真正反映实际情况。

（4）全面性原则

农村人居环境涉及农村经济、社会、环境等多个层面，评价指标必须包含这些层面，不能遗漏指标信息，需具有全面性原则。

（5）客观性原则

构建的指标体系中所选取的指标，必须客观存在，并且符合农村地区的实际情况，同时应避免受人为影响。

2. 指标选取

参照孙慧波、刘雪侠、袁晨晨、刘雨涵等人的研究成果，本书从人居环境概念的内涵出发，并结合兵团团场连队的实际，同时所选指标尽可能涵盖所有评价要素，共选取 2 个一级指标，包含 7 个二级指标，从中筛选出 16 个三级指标，见表 6-2。其中，主要道路建设、自来水供应、污水处理方式、民用供电、供暖方式等指标较好地反映出基础设施完善程度；垃圾处理方式、公共厕所建设等指标表征环境卫生状况；通过住房建设年代体现兵团团场连队居民住房条件；植物景观建设、公共空间建设、休闲娱乐设施建设等方面指标能反映村容村貌质量；社会服务情况取决于教育资源建设、医疗资源建设、购物资源建设等方面指标；特色农业建设体现产业集群特征；经济负担的情况通过家庭年收入指标进行衡量。

表 6-2 兵团团场连队人居环境质量评价指标体系

一级指标	二级指标	三级指标
人居硬环境	基础设施完善程度	主要道路建设
		自来水供应
		污水处理方式
		供暖方式
		民用供电
	环境卫生状况	垃圾处理方式
		公共厕所建设
	住房条件	住房建设年代
	村容村貌质量	植物景观建设
		公共空间建设
		休闲娱乐设施建设
人居软环境	产业集群特征	特色农业建设
	社会服务情况	医疗资源建设
		教育资源建设
		购物资源建设
	经济负担	家庭年收入

6.2.3 评价方法与过程

兵团团场连队人居环境质量指标具有综合性和系统性特征,内部由许多子系统组成。模糊综合评价法因其较为客观的特点,更适合运用于定量评价中。它的基本思路是:以模糊数学为基础,应用模糊关系合成原理,将一些边界不清、不易定量的因素定量化,进而进行综合性评价。本书运用模糊综合评价法对兵团团场连队的农村人居环境进行综合评价。在对数据的统计、分析和处理过程中,采用了统计分析软件 SPSS。以第九师一七〇团举例,评价过程如下:

1. 确定指标集和评价集

我们构建了指标体系,一级有 2 个指标,即人居软环境及人居硬环境;二级有 7 个指标,即基础设施完善程度、环境卫生状况、住房条件、村容村貌质量、产业集群特征、社会服务情况、经济负担;三级有 16 个指标,即主要道路建设、自来水供应、污水处理方式、供暖方式、民用供电、垃圾处理方式、公共厕所建设、住房建设年代、植物景观建设、公共空间建设、休闲娱乐设施建设、特色农业建设、医疗资源建设、教育资源建设、购物资源建设、家庭年收入。各项指标的主客观评分对相对于该指标的模糊评价分为 4 级,即基本完善、一般、较完善、非常完善。

2. 熵权法求权重

权重分析是指通过熵权法对问卷调查的指标的重要性进行权重输出。熵是信息论中的概念,是对不确定性的一种度量。信息量越大,不确定性越小,熵就越小;信息量越小,不确定性越大,熵也越大。根据信息熵的定义,对于某项指标,可以用熵值来判断该指标的离散程度,其信息熵值越小,指标的离散程度越大,该指标对综合评价的影响(即权重)就越大,如果某项指标的值全部相等,则该指标在综合评价中不起作用。因此,可利用信息熵这个工具,计算出各个指标的权重,为多指标综合评价提供依据。

其步骤为:

① 对各个因素按照每个选项的数量进行归一化处理。

② 对于正向指标:

$$x'_{ij} = \frac{X_{ij} - \min(X_{1j}, X_{2j}, \cdots, X_{nj})}{\max(X_{1j}, X_{2j}, \cdots, X_{nj}) - \min(X_{1j}, X_{2j}, \cdots, X_{nj})}$$

对于负向指标:

$$x'_{ij} = \frac{\max(X_{1j}, X_{2j}, \cdots, X_{nj}) - X_{ij}}{\max(X_{1j}, X_{2j}, \cdots, X_{nj}) - \min(X_{1j}, X_{2j}, \cdots, X_{nj})}$$

第 i 个因素的第 j 个选项的比较值 y_{ij} 为:

$$y_{ij} = \frac{x'_{ij}}{\sum_{i=1}^{m} x'_{ij}}$$

上式中,m 为考虑的影响因素的个数。

第 j 个选项的信息熵为:

$$e_j = -K \sum_{i=1}^{m} y_{ij} \ln y_{ij}$$

$$K = 1/\ln m$$

其中 K 为常数。

③ 对每个因素进行加权计算,得到第 i 个影响因素的得分 S_i。

$$S_i = \sum_{j=1}^{n} y_{ij} w_j$$

④ 根据每个影响因素的得分,即可得到所有因素的重要性排序。

将问卷所得数据导入软件后进行计算,得到各项数据。

兵团团场连队人居环境质量评价熵权法的权重见表6-3。

表6-3 兵团团场连队人居环境质量评价熵权法的权重

项	信息熵值 e	信息效用值 d	权重
主要道路建设	0.454	0.546	0.062
自来水供应	0.235	0.765	0.087
污水处理方式	0.617	0.383	0.043

项	信息熵值 e	信息效用值 d	权重
民用供电	0.573	0.427	0.048
供暖方式	0.162	0.838	0.095
垃圾处理方式	0.578	0.422	0.048
公共厕所建设	0.317	0.683	0.077
住房建设年代	0.604	0.396	0.045
植物景观建设	0.506	0.494	0.056
公共空间建设	0.609	0.391	0.044
休闲娱乐设施建设	0.523	0.477	0.054
特色农业建设	0.21	0.79	0.089
医疗资源建设	0.628	0.372	0.042
购物资源建设	0.15	0.85	0.096
教育资源建设	0.428	0.572	0.065
家庭年收入	0.572	0.428	0.048

熵权法的权重计算结果显示,主要道路建设的权重为6.2%、自来水供应的权重为8.7%、污水处理方式的权重为4.3%、民用供电的权重为4.8%、供暖方式的权重为9.5%、垃圾处理方式的权重为4.8%、公共厕所建设的权重为7.7%、住房建设年代的权重为4.5%、植物景观建设的权重为5.6%、公共空间建设的权重为4.4%、休闲娱乐设施建设的权重为5.4%、特色农业建设的权重为8.9%、医疗资源建设的权重为4.2%、购物资源建设的权重为9.6%、教育资源建设的权重为6.5%、家庭年收入的权重为4.8%,其中指标权重最大值为购物资源建设情况(9.6%),最小值为医疗资源建设情况(4.2%)。

3. 对各级指标进行模糊综合评价

① 确定评价对象的因素论域,也就是有 m 个指标,表明对被评价对象从哪些方面来进行评价描述。

$$U=\{u_1,u_2,\cdots,u_m\}$$

② 确定评语等级论域,评语集是评价者对被评价对象可能做出的各种总的评价结果组成的集合。

$$V=\{v_1,v_2,\cdots,v_n\}$$

③ 建立模糊关系矩阵 $\boldsymbol{R}$。

$$\boldsymbol{R}=\begin{bmatrix} r_{11} & r_{12} & \cdots & r_{1n} \\ r_{21} & r_{22} & \cdots & r_{2n} \\ \vdots & \vdots & \ddots & \vdots \\ r_{m1} & r_{m2} & \cdots & r_{mn} \end{bmatrix}$$

r_{ij} 表示被评价对象从因素 u_i 来看对 v_j 等级模糊子集的隶属度。

④ 确定评价因素的模糊权向量。

为了反映各因素的重要程度,对各因素分配一个相应的权重$(a_1, a_2, \cdots, a_m)$,权重会对最终的评价结果产生一个很大的影响。

⑤ 模糊综合评价的模型为:

$$\boldsymbol{B} = \boldsymbol{A} \cdot \boldsymbol{R} = (a_1, a_2, \cdots, a_m) \begin{bmatrix} r_{11} & r_{12} & \cdots & r_{1n} \\ r_{21} & r_{22} & \cdots & r_{2n} \\ \vdots & \vdots & \ddots & \vdots \\ r_{m1} & r_{m2} & \cdots & r_{mn} \end{bmatrix} = (b_1, b_2, \cdots, b_n)$$

其中 b_i 表示被评级对象从整体上看对 v_j 等级模糊子集的隶属度。

模糊评价权重见表 6-4。

表 6-4　模糊评价权重

	基本完善	一般	较完善	非常完善
隶属度	0.085	0.320	0.390	0.205
隶属度归一化(权重)	0.085	0.320	0.390	0.205

由表 6-4 可知,针对 16 个指标(主要道路建设、自来水供应、污水处理方式、民用供电、供暖方式、垃圾处理方式、公共厕所建设、住房建设年代、植物景观建设、公共空间建设、休闲娱乐设施建设、特色农业建设、医疗资源建设、购物资源建设、教育资源建设、家庭年收入)与 4 个评语(基本完善、一般、较完善、非常完善)进行模糊综合评价,再使用加权平均型 $M(\wedge, +)$ 算子进行研究。首先由评价指标权重向量 $\boldsymbol{A}$(由熵权法可以得到),通过构建出 16×3 的权重判断矩阵 $\boldsymbol{R}$,最终进行分析得到 4 个评语集隶属度,分别为 0.085、0.320、0.390、0.205,因此可以得到,4 个评语集中"较完善"的权重最高,集合最大隶属度法则可以得到,最终综合评价的结果为"较完善"。

4. 最终评分

模糊综合评价的综合得分见表 6-5。

表 6-5　模糊综合评价的综合得分

变量	系数	得分/分
基本完善	0.085	1
一般	0.320	2
较完善	0.390	3
非常完善	0.205	4
预测结果 Y		3.000

表 6-5 展示了模糊综合评价的综合得分,可用于对总体评价情况进行评估,针对 4 个评语(基本完善、一般、较完善、非常完善),分别赋分为 1、2、3、4 分;计算得出综合得分是 3.000 分,综合得分介于"较完善"得分和"非常完善"得分之间。

6.2.4 评价结果

1. 兵团团场连队人居环境整体建设水平评价结果

基于构建的农村人居环境质量评价指标体系,运用模糊综合评价法对兵团五个师的农村人居环境质量进行评价分析,得出总体评价结果。兵团团场连队人居环境整体建设水平评价结果如图 6-12 所示。由于"基本完善"在模糊综合评价中的系数较低,图中将"基本完善"与"一般"合并显示为"基本完善"(后同)。

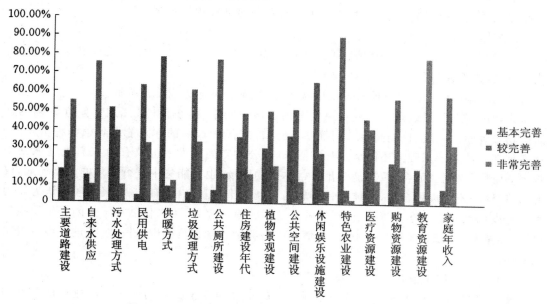

图 6-12 兵团团场连队人居环境整体建设水平评价结果

(1) 整体基础设施完善程度处于较高水平

加强兵团团场连队基础设施建设对增加连队居民收入、缩小贫富差距、实现连队现代化具有重要意义。在主要道路建设上,有 55.29% 的连队已经建设完整的公路网,主要道路建设为柏油路的也已经超过半数,兵团团场连队整体道路通达性较高;自来水供应方面,有 75.72% 的连队已经能够做到全年正常供水,但供水设施的日常维护亟待加强;在供电方式上,有 63.5% 的连队整治较为完善,整体建设水平处于中等水准,供暖方式和污水处置是整治效果相对不完善的两项,结果显示,仅有 12.15% 的连队采取集中供暖的方式,仍有 78.85% 的连队采用土暖气等低效能的供暖方式;有 51.58% 的连队仍然采用分散处理的污水处理方式,只有 9.46% 的连队排水设施纳入城镇排水管网;建议将供暖方式进一步提升为集中供暖,将污水处理方式纳入城镇排水管网,尽量减少对环境的污染与资源的浪费。

(2) 环境卫生状况发展处于中等水平,有待提高

评价结果显示兵团团场连队在环境卫生状况上,建设水平具有明显的提升,垃圾处理方式和公共厕所建设的整治情况属于中等水平,有 61.26% 的连队采用卫生填埋与垃圾焚烧的

方式处理垃圾,仅有三分之一的连队能够做到分类处理,有 77.31% 的连队仍然采用水冲厕等形式的公共厕所,仅有 15.74% 的连队拥有成品环保水冲厕所,足以见得兵团团场连队环境卫生仅处在中等水平,不仅需要提升公共厕所的质量,还要改善垃圾处理方式,尽量做到垃圾资源分类化、可回收化,做到资源的重复利用。

(3) 住房条件存在明显短板,需进一步补齐

兵团团场连队建筑是兵团团场连队空间特色的重要表征,住房条件是人居环境的物质基础,只有满足基本的住房需求之后,人居环境的质量才能有所提高,只有住宅结构的稳定性和耐久性得到较大提高,新建房屋数量增加,危旧住宅被质量更好的住房所取代,农村居住面积和质量不断提高,兵团团场连队人居环境建设才能得到保证。

从整体来看,住房建设年代为 1990—2009 年的居民占近半数,仍有约 33% 的人住在 1989 年之前的住房中,只有少部分居民住在 2010 年之后建设的房屋中,说明新房建设仍有待完善,各方面住房条件仍然有待改善。

(4) 村容村貌质量建设处于发展中水平,绿化和公共服务设施需提高

兵团团场连队景观是一个相对原生态的地域空间系统,在整体数据中,有约 50% 的连队植物景观建设一般,仅能满足遮阴等基本要求,仅有约 20% 的连队能做到植物种类丰富,在满足基本需求的基础上还能满足观赏需求,在公共空间建设上也仅有约 50% 的连队处于较完善阶段,规划一般合理,有能满足日常休闲的广场,也有能集中进行游乐的大型场地,仅有 12.17% 的连队规划合理,总体保持着较为优越的生态基底,但 65.64% 的居民认为休闲娱乐建设仍然处于基本完善状态,村容村貌建设仍有待完善,未来仍需加强休闲娱乐设施建设,将儿童游乐设施、老年活动室、文化活动中心等纳入规划范围中,进一步推进村容村貌建设工作。

(5) 产业集群特征较为单一,缺乏特色产业建设

现代组织理论认为,产业集群是创新因素的集群和竞争能力的放大。产业在地理上的集聚,能够对产业的竞争优势产生广泛而积极的影响。兵团团场连队在地理位置上具有较强的优势,如果大力发展产业竞争力的建设,将对兵团团场连队经济发展及人居环境整治提供大量助推能量,推进兵团团场连队持续发展。

目前兵团团场连队在特色农业建设上仍存在短板,缺乏持续创新与已有资源融合,有 90% 的产业仍集中在种植业,并不能完全发挥兵团团场连队的特色,未来应当加强特色农业产业的建设,深度挖掘兵团团场连队最有价值的资源与最有特色的文化元素,将各项资源整合并加以利用,结合当地特色文化,发挥资源优势,建设出兵团团场连队自身的产业集群。

(6) 社会服务状况参差不齐,教育资源建设效果显著,医疗资源不能负担日常所需

公共服务设施的配置,是评价人居环境质量的重要指标,近年来兵团团场连队的公共服务设施建设呈现加速之势,一方面是由于新型城镇化的快速推进,不断提高连队的经济水平,另一方面随着人们生活水平的不断提高,连队居民对生活质量的要求也越来越高,更注重生活的便捷性。因此,对于社会公共服务的建设是评价一个地区的人居环境质量的重要因子。

目前通过数据可以看出,兵团团场连队的社会公共服务建设落差相对较大,在教育资源建设上已经非常完善,有近 80% 的居民将自己的孩子送入团部师部的学校就读,日常购物

资源方面也足以满足日常所需,而在医疗资源建设上就并不能完全负担居民的日常生活所需,有近50%的连队医疗资源并不能应对日常病患与突发事件,在日常医疗服务建设方面稍显滞后,亟须加强建设卫生院、诊所等基础医疗资源。

(7) 发展阶段处于较完善阶段

纵观全局,兵团团场连队人居环境整治阶段处于较为完善的发展阶段,能够看出连队人居环境整治效果已经日益显著,各项要素发展都相对较为平均,兵团总体建设也达到了较完善的程度,其中教育资源、自来水供应、主要道路建设已经拥有较高的建设水平,但仍有特色农业、供暖设备、污水处理设备、休闲娱乐设施等建设短板需要进一步补齐。

2. 第一师团场连队人居环境建设水平评价结果分析

根据模糊综合评价法得出的数据,第一师中十一团及十五团人居环境建设水平较高,总体评分为2.188、2.287分,在"较完善"和"非常完善"之间,第一师总体建设水平评分在1.8分到2.4分之间,说明第一师团场连队人居环境建设水平较为完善。

第一师团场连队人居环境建设水平评价结果分析如图6-13所示。

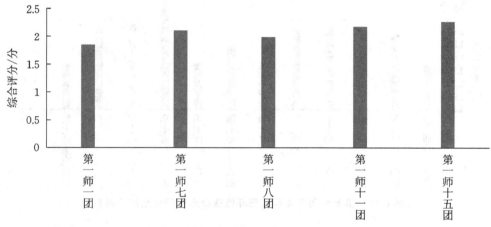

图6-13 第一师团场连队人居环境建设水平评价结果分析图

3. 第二师团场连队人居环境建设水平评价结果

根据模糊综合评价法得出的数据,第二师三十团及二十一团人居环境建设水平较高,总体评分为2.188、2.125分,在"较完善"和"非常完善"之间,第二师总体建设水平评分在1.6分到2.2分之间,说明第二师团场连队人居环境建设水平较为完善。

第二师团场连队人居环境建设水平评价结果分析如图6-14所示。

4. 第七师团场连队人居环境建设水平评价结果

根据模糊综合评价法得出的数据,第七师一三一团及一三七团人居环境建设水平较高,总体评分为2.016、1.996分,在"较完善"和"非常完善"之间,第七师总体建设水平评分在1.6分到2.2分之间,说明第七师团场连队人居环境建设水平较为完善。

第七师团场连队人居环境建设水平评价结果分析如图6-15所示。

第七师从整体上来看在自来水供应方面的建设和教育资源的建设最好,建设得非常完善。各团场大部分连队在公共厕所方面的建设比较完善。第七师的各团场绝大部分连队在

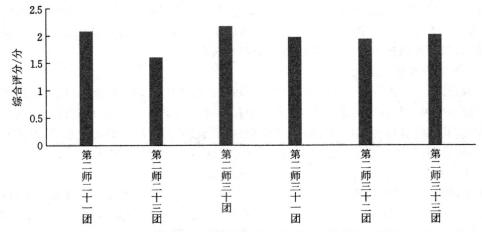

图 6-14 第二师团场连队人居环境建设水平评价结果分析图

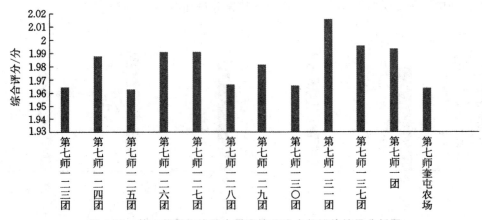

图 6-15 第七师团场连队人居环境建设水平评价结果分析图

特色农业的建设上都存在不足,同时还有部分连队在供暖方式的建设上存在问题。

5. 第八师团场连队人居环境建设水平评价结果

根据模糊综合评价法得出的数据,第八师一四二团、一二二团人居环境建设水平较高,总体评分为 2.042、1.974 分,在"较完善"和"非常完善"之间,第八师总体建设水平评分在1.8 分到 2.2 分之间,说明第八师团场连队人居环境建设水平较为完善。

第八师团场连队人居环境建设水平评价结果分析如图 6-16 所示。

6. 第九师团场连队人居环境建设水平评价结果

第九师团场连队人居环境建设水平评价结果如图 6-17 所示。

数据显示,第九师在基础设施完善程度和社会服务状况上都是非常完善的,但在特色农业建设、村容村貌建设上都处于基本完善情况。

(1) 基础设施完善程度较高

第九师在基础设施中,污水处理方式、民用供电和供暖方式处于较完善水平,这三项处于较完善的比例是 47%、65% 和 85%,在主要道路建设和自来水供应上改善最为明显,有83% 和 64% 的居民都认为已经非常完善。从总体来看,第九师的基础设施完善程度较高。

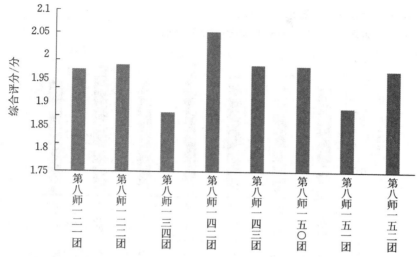

图 6-16　第八师团场连队人居环境建设水平评价结果分析图

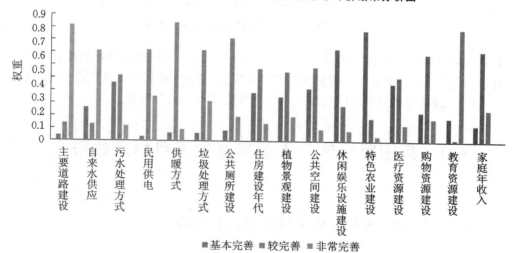

■基本完善　■较完善　■非常完善

图 6-17　第九师团场连队人居环境建设水平评价结果

（2）环境卫生状况较为完善

第九师在垃圾处理方式和公共厕所整治方面均属于中等水平，居民认为这两项整治较完善的比例分别为 65％ 和 74％。

（3）住房条件较为完善

从整体来看，第九师有半数居民住房建设年代在 1990 年到 2009 年，仍有约 33％ 的人住在 1989 年之前建设的房屋中，只有少部分居民住在 2010 年之后建设的房屋中。

（4）村容村貌质量仍需改善

在整体数据中，第九师有约 50％ 的人认为植物景观建设与公共空间建设处于较完善阶段，但有三分之二的居民认为休闲娱乐设施建设仍然处于基本完善状态，村容村貌建设仍有漏洞。

（5）产业集群特征融合度较低

特色农业建设方面，第九师有近 80％ 的居民认为自己所在兵团团场连队的特色农业建设仍处于基本完善阶段,整治效果不明显。

第九师各团人居环境建设水平对比如图 6-18 所示。

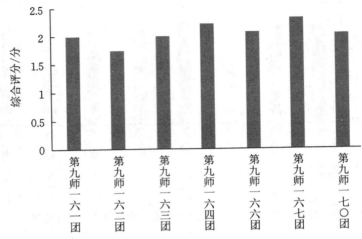

图 6-18　第九师各团人居环境建设水平对比

根据模糊综合评价法得出的数据,第九师一六七团及一六四团人居环境建设水平较高,总体评分为 2.313、2.214 分,在"较完善"和"非常完善"之间,第九师总体建设水平评分在 1.9 分到 2.4 分之间,说明第九师团场连队人居环境建设水平较为完善。

6.3　兵团团场连队人居环境发展目标定位研究

6.3.1　兵团团场连队人居环境发展阶段定位

兵团团场连队人居环境发展阶段定位分析如图 6-19 所示。

数据显示,有 90% 的连队开展过人居环境整治建设,大部分连队正处在人居环境整治的建设期,约 50% 的居民认为人居环境得到了非常明显的改善。但是居民希望投入更多资金,建设更优美的村容村貌和完善生产设施。之后引进人才和科技支持,也希望国家政策资金支持力度加大,使连队建设得更美好。

所在连队人居环境整治方面的资金支持是否充足方面,10.83% 的居民表示非常充足;认为资金支持比较充足的占 14.25%;认为还算充足的占 24.09%;认为资金不太充足和不充足的加起来有 50.83%。在连队的人居环境整治最应该体现什么方面,多于 50% 的居民认为应该体现在优美的村容村貌;认为体现在良好的思想观念的居民占 20.5%;认为体现在完善的生产设施和崭新的生活习俗的居民分别为 18.27% 和 7.5%。选择阻碍乡村振兴和兵团连队发展的原因里,有 32.68% 的居民认为是国家政策资金扶持力度不够;有 26.9% 的居民认为缺乏人才和科技支持;认为劳动力短缺的居民占 13.54%;有 11.37% 的居民认为村民自身不重视;认为交通不便的居民占5.12%;还有10.4%的居民认为是其他原因。在连队的人居环境整治目标方面,有34.28%的居民认为应该是美丽宜居型;有28.97%的居民认为应该是提升改善型;有25.90%的居民认为应该是基本整洁型;还有10.85%的居民认为应该是旅游特色型。

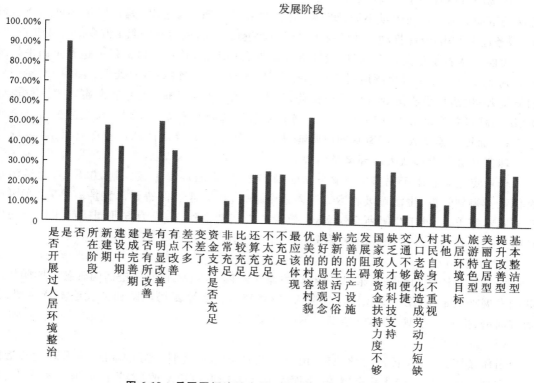

图 6-19　兵团团场连队人居环境发展阶段定位分析图

6.3.2　兵团团场连队人居环境功能及目标定位研究

1. 目标定位

2022年,兵团党委办公厅、兵团办公厅为进一步整治提升连队人居环境,根据中共中央办公厅、国务院办公厅印发的《农村人居环境整治提升五年行动方案(2021—2025年)》文件精神,制定并发布了《新疆生产建设兵团连队人居环境整治提升五年行动方案(2021—2025年)》。

方案指导思想为:以习近平新时代中国特色社会主义思想为指导,全面贯彻党的十九大和十九届历次全会精神,完整准确贯彻新时代党的治疆方略,牢牢扭住新疆工作总目标,聚焦履行兵团职责使命,坚持以人民为中心的发展思想,践行绿水青山就是金山银山理念,深入学习推广浙江"千村示范、万村整治"工程经验,坚持分类施策、突出兵团特色,规划先行、突出统筹推进,问需于民、突出职工主体,持续推进、突出健全机制,艰苦奋斗、突出勤俭节约等原则,统筹团场小城镇和连队发展,持续推进连队厕所革命、生活污水垃圾治理、连容连貌提升等重点工作,巩固拓展连队人居环境整治三年行动成果,提升连队人居环境质量,为全面推进乡村振兴、加快农业农村现代化、促进城乡协调发展、建设美丽兵团提供有力支撑。

方案行动目标为：到2025年，连队人居环境显著改善，生态宜居美丽连队建设取得新进步，"团场小城镇＋美丽连队＋作业点"的新格局初步形成。

团场小城镇着眼于提高产业集聚能力、人口承载能力和综合服务能力，增强团场小城镇对连队的带动能力。加快团场小城镇发展，完善基础设施和公共服务，发挥团场小城镇连接城市、服务连队作用，有序推动农业转移人口就地就近城镇化，成为服务职工群众的区域中心。

美丽连队着眼于高起点、高质量推进连队人居环境整治，重点目标任务达到全国平均水平。到2025年，连队卫生厕所得到巩固提升，厕所粪污基本得到有效处理；生活污水治理率明显提升；生活垃圾收运处置体系全覆盖，基本实现无害化处理，大力推广连队生活垃圾分类、源头减量并推动分类处理试点示范；连队居住区绿化覆盖率达30%；长效管护机制全面建立；全面提升连队人居环境基础设施建设水平；促进产业链延伸和产业融合发展，以现代农业转型升级促进连队人居环境整治提升。

作业点连队着眼于完善生产服务功能，补齐连队人居环境短板。到2025年，生活污水乱倒乱排得到管控，生活垃圾收运处置体系全覆盖，连容连貌保持干净整洁有序，生产服务设施基本完善，公共卫生厕所全覆盖，长效管护机制基本建立，成为方便周边职工群众的生产服务场所和壮大连队经济的重要载体。

2.功能定位

本书针对评估和调查结果，以及行动方案中对团场连队的分类，进而明确各兵团团场连队的发展功能定位，结合兵团团场连队人口和资源，将兵团团场连队划分成旅游特色型、美丽宜居型、提升改善型、基本整洁型等不同类型。

（1）旅游特色型

对旅游资源丰富、民族文化浓郁、田园风光秀美、通达条件良好的连队，人居环境整治目标是实现生活垃圾处置体系全覆盖，全面完成无害化卫生户厕改造，旅游厕所布局合理、数量充足、干净卫生，生活污水得到全面治理，旅游功能齐备，旅游基础设施和公共服务设施配套完善，村容村貌特色鲜明，管护长效机制健全。

（2）美丽宜居型

对高等级公路、重要旅游公路和铁路沿线，城镇周边，重要出省出境通道等交通便利、人口集中、发展条件较好的连队，人居环境整治目标是实现生活垃圾处置体系全覆盖，全面完成无害化卫生户厕改造，公厕布局合理、干净卫生，生活污水得到全面治理，村容村貌特色明显，管护长效机制健全。

（3）提升改善型

对有一定基础，且交通较为便利、人口相对集中、具备一定发展潜力的连队，人居环境整治目标是生活垃圾基本得到处置，85%以上的农户完成无害化卫生户厕改造，公厕干净卫生，生活污水乱排乱放得到管控，村容村貌明显改善。

（4）基本整洁型

对规模小、较分散、经济欠发达的连队，人居环境整治目标是在优先保障农民基本生产生活条件的基础上，生活垃圾基本得到处置，无害化卫生户厕改造有较明显提升，村容村貌干净整洁。

7 兵团团场连队人居环境整治满意度及意愿分析

7.1 兵团团场连队居民参与人居环境整治意愿研究

7.1.1 数据来源

本章依据第一师、第二师、第七师、第八师、第九师的实地调研数据,采用信度检验和结构方程模型探讨居民参与连队人居环境整治的意愿。研究结果表明:大部分居民都愿意参与连队人居环境整治;性别、收入两个特征变量,对环境卫生的关注程度变量,地理区位变量,连队认同变量,基础服务设施认同变量以及是否长期居住变量都对居民的参与意愿产生显著影响。

7.1.2 意愿分析

1.住房意愿

根据调查统计,第一师、第二师、第七师、第八师、第九师居民的住房意愿绝大部分集中于连队内新建安置住房、住房原址不变不动、原址更新提升及连队内新建安置住房这四项,还有部分受访者希望就近集中安置新建住房、放弃住宅选择货币补偿、住宅自愿归还连队集体或是其他。

2.道路建设意愿

绝大部分受访者对于新建、改建连队的内部道路意愿最强烈,然后依次为改善连队对外的通行条件、增加连队道路两旁绿化、提高连队道路养护质量、提高重要生活节点的通达水平和处治交叉交汇路口、急弯陡坡、临河傍水等路段安全隐患等一些其他道路整治意愿。

3.垃圾处理方面的问题

各师连队受访者均表示垃圾处理方面存在问题,分别为:垃圾桶或垃圾收集点较少、垃圾桶及垃圾收集点比较脏、有垃圾桶及收集点的垃圾未按时清理、垃圾未清理分类,部分居民觉得还有其他问题需要解决。

4.公厕方面的问题

公共厕所方面存在的问题,分别为:公共厕所指路牌不清楚、没有残疾人厕所、公共厕所卫生脏乱差、公共厕所无人管理、公共厕所外立面差、女厕所蹲坑不够及其他问题等。

5. 用水方面的问题

绝大部分居民表示存在自来水水压的问题,其次为自来水水质差的问题,水管老化、暴露在外的问题,还有在用水方面存在一些其他问题。

6. 排水方面的问题

居民反映排水方面的问题依次为:雨天路面常被淹、下水管道反臭、化粪池老化、污水横流现象、存在很多其他问题。

7. 路灯照明方面的问题

居民反映路灯照明方面存在的问题依次为:路灯数量不足、部分路段没有设置路灯、路灯分布不合理有照明死角、效能差、太阳能路灯冬季不亮、照明设施造型不美观、路灯损坏严重、缺乏常规检查和维修。

8. 供暖方面的问题

供暖方面的问题分别为:采暖费用支出较高、分散型供暖方式的安全性较低、供暖质量和效果较差、住房储热性能较低、不够干净卫生、操作使用较麻烦、仍有其他问题需要解决。

9. 关于院墙门头的改造意愿

受访者中希望对院墙门头实施统一样式改造的比例均高于希望进行自主规划改造的比例。

10. 关于便民设施的意愿

希望增加图书馆等文化设施的受访者人数最多,然后是增加监控等安全防范设施、增加座椅等休闲娱乐设施、增加便利店等商业设施、增加垃圾回收设施、增加邮件及快递设施、增加敬老养老设施、增加一些其他便民设施。

11. 关于人居环境整治建设支付金额的意愿

受访者为人居环境整治建设支付金额意愿依次为:20 元以上的金额、5～10 元、15～20元、5 元以下、10～15 元、不愿意为人居环境整治建设支付金额。

7.2 兵团团场连队人居环境整治满意度评价指标体系构建

7.2.1 指标体系构建的原则

中国现阶段居民生活质量具有非均衡性和特殊性,在构建指标体系时应尽可能全面地反映当地人居环境的现状,人居环境满意度评价指标构建应该遵循以下原则:

1. 全面性原则

人全面发展的根本目标决定人类生活需求是多方面、多层次的,因而评价指标体系应该全面反映连队人居环境各个方面满足程度及其利用效果。

2. 系统性原则

人居环境包括的内涵既丰富又复杂,指标必须采取科学的分类标准,将复杂的内容分组、归类,从而系统地测度和评价居民生活的质量。

3. 层次性原则

评价指标体系既要有反映人居环境概况的第一层次指标,又要有具体反映人居环境各方面的第二、第三层次指标,才有利于综合评价与具体分析,全面系统地反映连队人居环境的全貌和整个过程。

4. 差异性原则

每一类评价指标体系都有其特定的评价对象,因此在指标构建上要突出其指标的差异性。连队人居环境相对于城市人居环境而言,有其自身的特殊方面。所以,在指标构建时,需体现出连队地区与城市的区别,能反映连队特色。

5. 以人为本原则

人居环境研究的首要目标是人,以及构成人类居住环境日常生活的三个主要因素:人类社会、人类自然环境和区域自然环境。其中,"人"是第一位的。因此,人居环境评价指标的选择应主要反映与居民定居和主题活动有关的因素,并反映家庭社会发展的要求和自然环境的主观因素。

6. 区域性原则

不同地区、不同范围的人居环境存在一定的复杂性和动态性。选择指标应依照研究目标、居民生活习惯等有所不同,因地制宜,体现所研究地区的特色。

7.2.2 指标体系构建

根据前文对国内外学者研究理论及成果的分析,发现当前还未形成完整且公认的人居环境满意度指标体系。大多数学者是把人居环境具体到居住环境、生态环境、基础服务等几个方面,然后根据构建原则将各个方面进一步细化为具体的单项指标进行研究。而本书首先是确定影响人居环境满意度的因子,再利用因子分析模型寻找潜在变量,然后通过采用相对主观的层次分析法确定指标权重,构建兵团团场连队人居环境满意度评价指标体系。指标条件设置见表7-1。

表7-1 指标条件设置

潜变量	观测变量
环境卫生	空气质量
	厕所革命
	生活垃圾处理状况
	生活污水处理状况
住房规划	新建住宅形式
	房屋建筑面积
	厕所状况

续表7-1

潜变量	观测变量
基础设施	道路交通
	给水排水
	电气设备
社会服务	医疗条件
	教育资源
	就业机会
	社会治安
	养老条件
村容村貌	外立面改造
	植物景观
	公共空间
	休闲娱乐

7.2.3　调查问卷设计

在问卷设计方面,以收集居民对兵团连队人居环境整治的满意度等信息为主要目的,以筛选出的各项指标为评价对象,以李克特量表为依据,设计了问卷初稿,并从中抽取代表性问题检验问卷的效度和可接受程度。

7.2.4　模型选择

在社会科学的研究领域中,涉及的许多变量都不能准确、直接地测量,这种变量被称为潜变量,如本书所关注的兵团连队环境卫生、住房条件、基础设施、居民经济负担状况、社会服务等变量。传统的计量方法不能合理地处理这些潜变量,而结构方程模型能够用于分析研究过程中所涉及的潜变量之间的复杂关系,它是基于变量间的协方差矩阵对变量间的关系进行分析的一种统计方法。

结构方程模型具有以下多方面的优点:一是结构方程可以同时考虑并处理多个因变量;二是允许因变量和自变量含测量误差;三是能够同时估计因子关系和因子结构;四是能够处理有比较复杂从属关系的模型,测量模型更具弹性;五是能够估计出模型的整体拟合度。

因此,本书采用结构方程模型来探讨兵团连队人居环境系统的优化路径。结构方程模型包括测量模型和结构模型两部分。

1.测量模型

测量模型用来描述潜变量与指标间的关系。

2.结构模型

结构模型用来描述潜变量间的关系。

通常测量模型表示为：

$$x = \Lambda_x \varphi + \delta$$
$$y = \Lambda_y \eta + \varepsilon$$

结构模型表示为：

$$\eta = B\eta + \Gamma\varphi + \zeta$$

其中：x 为外生潜变量的测量指标；y 为内生潜变量的测量指标；Λ_x 为外生潜变量与其测量指标间的关系；Λ_y 为内生潜变量与其测量指标间的关系；φ 为外生潜变量；η 为内生潜变量；δ 为外生潜变量测量指标的误差项；ε 为内生潜变量测量指标的误差项；ζ 为结构方程的残差项，代表 η 在方程中未被解释的部分。

7.2.5 变量选取

在对连队人居环境治理满意度评价的过程中，并不是每个评价指标对连队人居环境治理满意度的影响程度相同，其影响程度需要通过严谨的分析与计算，从而赋予每个指标权重。本书在研究确定各个评价指标的权重时采用的是熵权法。熵权法是一种非常成熟的权重决策分析方法，能够对本书提出的满意度评价指标的重要程度进行评定。

7.2.6 样本选择

此次调查目标群体为新疆生产建设兵团连队居民，在进行的调查中，有效问卷构成结构为：第一师 107 份、第二师 211 份、第七师 4189 份、第八师 752 份、第九师 448 份，收集回的各连队的问卷数量分布总体较为均衡。问卷调查时还分别统计了受访居民的性别、年龄、学历和收入等基本信息。对受访居民的基本信息进行统计分析后得到以下结果：本书研究获得的有效样本量 5762 份，其中，男性居民 3172 名，女性居民 2590 名；受访者年龄主要集中在36～50岁，占到了总调查人数的42.4％，受访者的年龄分布基本符合连队的现实状况；文化程度为初中及以上的占96.09％。实地调查时，部分年纪较大和文化程度不高的居民对受访存疑，对接受调查意愿不强。为了调查数据能更加真实反映当地实际情况，我们尽量进行讲解与沟通，以确保问卷调查居民的年龄结构以及受教育程度保持在合理区间。在调研时还了解到连队大部分居民选择冬季不在连队居住。家庭年收入来源主要是种地、养殖等农业生产经营收入的居民，在问卷统计中数量占72.09％。

7.2.7 指标权重选择

本次研究以新疆生产建设兵团居民作为调查对象，以居民满意度作为各项指标的评价尺度，并以问卷调查的方式来收集新疆生产建设兵团人居环境治理满意度的相关数据。在数据收集方面，为了避免调查数据的过于集中，保证数据具有普遍的代表性，本次调查对兵团各师部及下属的各团、连队进行调查,入户调查受访者。同时为了保证调查结果的精准性与全面性,问卷调查时尽可能地进行访问。在数据来源方面,本次研究从 2021 年 8—10 月份对兵团各连队随机选取若干名居民进行了问卷式调研,一共收回有效问卷 5762 份。在调查问卷中,将 15 项具体指标用通俗易懂的语言进行表达,要求居民对每项具体指标的满意程度进行回答,分别为非常不满意、不太满意、一般满意、比较满意、非常满意 5 个等级,并对其结果进行赋值,非常不满意为 1 分,不太满意为 2 分,一般满意为 3 分,比较满意为 4分,非常满意为 5 分。对所收集的数据进行系统整理,并建立样本数据库,对所调查结果进行系统的统计分析。

7.2.8 调查问卷信度检验

在问卷设计方面,为了检验本次调查问卷指标的可靠程度,本书通过克朗巴哈系数 α 来分析信度情况。根据统计学规定,当克朗巴哈系数在 0.8 以上时,表示问卷的指标信度较高,而克朗巴哈系数低于 0.6 时表示量表中的指标存在着一定问题,需要调整和修改。信度指标值的判别准则如表 7-2 所示。

表 7-2 信度指标值的判别准则

Cronbach's 系数 α	信度
$\alpha < 0.6$	不太可信
$0.6 \leqslant \alpha < 0.7$	稍微可信
$0.7 \leqslant \alpha < 0.8$	可信
$0.8 \leqslant \alpha < 0.9$	很可信
$\alpha \geqslant 0.9$	非常可信

本书运用 SPSS 统计软件,对于调查问卷的信度计算结果如表 7-3 所示。

表 7-3 信度计算结果

Cronbach's 系数 α	标准化 Cronbach's 系数 α	项数	样本数
0.851	0.887	19	5

7.2.9 居民对兵团团场人居环境整治的满意度分析

1. 样本特征分析

在选取具体调研区域时,在每个地区连队尽可能多地发放问卷,以确保问卷的可信度和真实性。考虑到受访居民的文化层次,为避免受访者对于问卷理解有偏差,对问卷回答的有效性和真实性造成影响,本次调研采用一对一问答的形式,并由调研员填写问卷。

受访对象的特征描述如表 7-4 所示。从性别来看,受访者中男性占比为 55.05%,女性占比为 44.95％；从年龄构成来看，受访者中年龄在 36～50 岁的人数最多（占比 42.4％），其余所选样本基本涵盖了各个年龄段的人群，能够较为客观地反映出各年龄段人群对农村人居环境的主观感受；从文化程度上来看，96.09％的居民样本文化程度为初中及以上。总体来看，本书所选取调研对象比较合理，而且在调研过程中大部分受访者对问卷调查内容非常感兴趣，有效保证了调研结果的真实可靠。

表 7-4 受访对象的特征描述

个人基本特征	变量界定	份数	百分比/％
性别	男	3172	55.05
	女	2590	44.95
年龄	20 岁以下	20	0.35
	20～35 岁	2250	39.05
	36～50 岁	2443	42.4
	51～60 岁	1047	18.17
	60 岁以上	2	0.03
文化程度	未接受教育	23	0.4
	小学	202	3.51
	初中	2093	36.32
	高中	2065	35.84
	大学及以上	1379	23.93

2. 模型拟合

模型拟合部分使用 SPSS 作为分析工具，通过对模型的多次修正，最终得到如图 7-1 所示的模型图。模型估计结果显示，标准化系数均没有出现大于 1 的情况，误差项未出现负的变异系数，每个参数的标准误差估计值都很小，并且估计参数均达到显著性水平（$P >$ 0.05），表明模型没有出现违反估计的情况，估计结果较好。

3. 模型适配度

模型估计结果如表 7-5 所示。卡方和 df 自由度主要用于比较多个模型，自由度反映了模型的复杂程度，模型越复杂，自由度越少。

GFI（拟合优度指数）：主要是运用判定系数和回归标准差，检验模型对样本观测值的拟合程度。其值在 0～1 之间，愈接近 0 表示拟合愈差。

CFI（比较拟合指数）：该指数在对假设模型和独立模型比较时，其值在 0～1 之间，越接近 0 表示拟合越差，越接近 1 表示拟合越好。CFI≥0.08 表示模型拟合较好。

NNFI（非规范拟合系数）和 CFI（比较拟合指数）：其值较大，说明所拟合的模型表现较好。

表 7-5　模型估计结果

X^2	df	P	卡方自由度比	GFI	RMSEA	RMR	CFI	NFI	NNFI
—	—	0.05	<3	0.9	<0.10	<0.05	0.9	0.9	0.9
172.860	155.000	0.155	1.115	0.522	0.170	27.142	0.896	0.522	0.872

4. 满意度结果分析

运用 SPSS 对调研数据进行分析,得到结构方程模型的回归结果。

从结构模型的回归结果来看,如图 7-1 所示,环境卫生、住房规划、基础设施、社会服务、村容村貌均与兵团人居环境整治满意度具有显著的相关关系,因此,要搞好兵团连队人居环境建设,在这五个方面都要给予足够的重视。

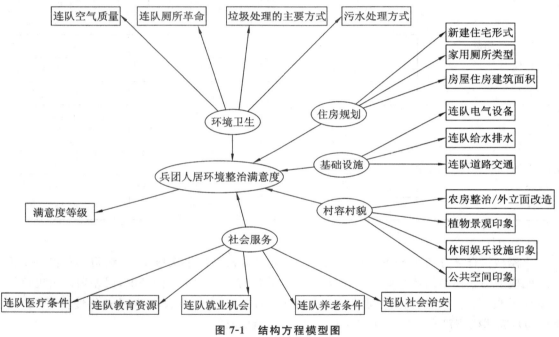

图 7-1　结构方程模型图

从测量模型的回归结果来看,各观测变量的回归系数基本在 0.01 水平下显著,标准化的因子载荷系数在 0.5 以上,说明观测指标对于潜变量有很强的解释力。

因子载荷系数见表 7-6。模型回归系数见表 7-7。

表 7-6　因子载荷系数表

因子	变量	非标准 载荷系数	标准化载荷 系数	z	$S.E.$	P
环境卫生	连队空气质量	1	0.608	—	—	—
	连队厕所革命	1.318	0.998	0.773	1.704	0.088[①]
	垃圾处理的主要方式	0.093	0.193	0.219	0.425	0.671

因子	变量	非标准载荷系数	标准化载荷系数	z	S.E.	P
环境卫生	污水处理方式	−0.387	−0.478	0.391	−0.99	0.322
住房规划	新建住宅形式	1	0.878	—	—	—
	房屋住房建筑面积	−0.375	−0.723	0.165	−2.265	0.024②
	家用厕所类型	−0.183	−0.428	0.133	1.375	0.169
基础设施	连队道路交通	1	0.986	—	—	—
	连队给水排水	0.988	0.987	0.104	9.511	0000③
	连队电气设备	1.186	0.993	0.109	10.89	0000③
社会服务	连队医疗条件	1	0.974	—	—	—
	连队教育资源	1.084	0.993	0.127	8.544	0000③
	连队就业机会	1.155	0.979	0.162	7.142	0000③
	连队养老条件	1.068	0.994	0.124	8.633	0000③
	连队社会治安	0.526	0.388	0.563	0.934	0.350
村容村貌	农房整治/外立面改造	1	0.875	—	—	—
	植物景观印象	0.582	0.936	0.167	3.493	0000③
	休闲娱乐设施印象	−1.015	−0.676	0.499	2.035	0.042②
	公共空间印象	0.702	0.437	0.563	1.247	0.212
兵团人居环境整治满意度	满意度等级	1	0.623	—	—	—

注：P为显著性概率，③②①分别表示在1%、5%、10%的水平上显著。

表 7-7　模型回归系数表

潜变量	→	分析项（显变量）	非标准化系数	标准化系数	标准误差	z	P
环境卫生	→	兵团人居环境整治满意度	64.376	6.079	548.015	0.117	0.906
住房规划	→	兵团人居环境整治满意度	3.613	0.756	5.213	0.693	0.488
基础设施	→	兵团人居环境整治满意度	−47.346	−5.807	312.098	−0.152	0.879
社会服务	→	兵团人居环境整治满意度	−18.412	−2.103	96.531	−0.191	0.849
村容村貌	→	兵团人居环境整治满意度	33.322	2.810	80.251	0.415	0.678

（1）连队环境卫生状况满意度

连队厕所革命、生活垃圾处理、生活污水处理、连队空气质量都对连队环境卫生的满意度有显著影响，而连队空气质量（0.608）和连队厕所革命（0.998）的标准化回归系数较大。说明对于居民而言，在连队环境卫生方面比较关注的是空气质量和厕所革命的整治，这也是当前困扰居民的两大问题，空气和厕所的有效整治对于改善连队环境卫生至关重要。

（2）住房规划满意度

新建住宅形式（0.878）和住房面积（－0.723）对住房条件满意度的影响最大，这在一定程度上反映出居民的诉求，居民对于房屋面积大小、房屋样式比较注重。除此之外，厕所状况对住房建设状况满意度也有一定影响，兵团连队厕所改造工程的推进势必会对兵团连队人居环境系统优化和整治满意度产生积极影响。

（3）基础设施满意度

连队电气设备（0.993）和连队给水排水（0.987）在兵团连队基础设施建设中显得更为重要。供电、供水设施与居民的日常生产生活息息相关，在调研过程中发现，目前供电设施基本能够满足兵团连队居民生产生活的用电需求，但供暖、供水设施相对较为落后，供水质量难以保证，居民普遍反映存在水质差、水管老化、供暖效应差、费用高等问题，居民的饮用水质量安全、冬季供暖缺乏保障。因此，改善供水供暖设施，对供水进行净化处理，对于居民来说显得尤为重要。

（4）社会服务满意度

在社会服务满意度方面影响因素由大到小依次为连队养老条件（0.994）、连队教育资源（0.993）、连队就业机会（0.979）、连队医疗条件（0.974），这是因为工作服务的好坏，如各项补贴福利是否发放、连队居民就医是否便利、连队居民是否安排就业、连队居民就学是否便利、教育资源是否满足需求等，会直接关系到兵团连队各项政策措施的落实是否彻底，而任何的不便利、不安全因素都会妨碍到每一位连队居民的利益。除此之外，社会服务中连队社会治安（0.388）也有较大的因子载荷，合理改善治安环境以及兵团连队基层医疗服务，也是优化兵团连队人居环境的重要任务。

（5）村容村貌满意度

连队植物景观印象的标准化载荷系数（0.936）最大，这是因为连队的绿化还尚有欠缺，直接关系到连队居民对于连队景观的观感和印象，如连队的绿化植物种类、种植密度、绿化景观层次等。除此之外，农房整治/外立面改造（0.875）、公共空间印象（0.437）、休闲娱乐设施印象（－0.676）也都有较大的因子载荷，合理改善连队内公共空间以及休闲娱乐设施，组织居民喜闻乐见的娱乐活动，也是优化兵团连队人居环境的重要措施。

从表7-7可知，基础设施、社会服务、住房规划、环境卫生、村容村貌对于兵团人居环境整治满意度水平上不呈现显著性，说明各因素及各项权重代表因子仍待改进。

如表7-8所示，两两之间的标准系数值，一般情况下越接近1，说明因子之间具有较强的关联性。标准估计系数值较高，则说明基础设施、社会服务、住房规划、环境卫生、村容村貌这五个因素相关关系较强。

表 7-8 路径节点协方差关系表

因子 A	因子 B	非标准估计系数	标准估计系数	标准误差	z	P
环境卫生	住房规划	-0.011	-0.738	0.011	-0.998	0.318
环境卫生	基础设施	0.009	0.991	0.008	1.153	0.249
环境卫生	社会服务	0.007	0.829	0.006	1.087	0.277
环境卫生	村容村貌	0.006	0.943	0.005	1.099	0.272
住房规划	基础设施	-0.016	-0.826	0.012	-1.317	0.188
住房规划	社会服务	-0.003	-0.166	0.009	-0.333	0.739
住房规划	村容村貌	-0.014	-1.000	0.010	-1.391	0.164
基础设施	社会服务	0.008	0.766	0.006	1.337	0.181
基础设施	村容村貌	0.008	0.989	0.005	1.463	0.144
社会服务	村容村貌	0.004	0.575	0.004	1.048	0.294

7.3 人居环境治理满意度改善对策研究

改善兵团连队人居环境,是推动乡村振兴发展的重要一环。兵团连队人居环境是兵团连队生态、社会、文化等多重要素相互作用的综合系统,因此环境整治是一个系统的、整体的过程,不可能一蹴而就解决问题,而是要将上层规划与基层执行有机联合起来进行,并坚持不懈、奋勇发力,打好兵团连队人居环境整治的人民战。

随着中国特色社会主义进入新时代,人民对于美好生活需要的追求日益广泛,不仅对物质文化生活有了更高要求,而且对于生态环境方面的要求也日益增长,在这样的背景下探讨兵团连队人居环境改善具有重要意义。本书围绕兵团团场人居环境整治满意度及居民意愿评价这一核心议题,构建框架和分析模型,结合兵团各连队实地调研情况,全面深入地研究了当前兵团连队人居环境公共服务的供给效果、居民对于连队人居环境改善的意愿、居民参与兵团连队人居环境改善的意愿。本节将对主要研究结论进行归纳总结,并依据相应研究结论提出改善我国兵团连队人居环境整治满意度的措施。

7.3.1 推进生活垃圾整治,持续补齐治理短板

不断提升兵团连队居民居住满意度,需继续推进兵团连队人居环境建设,需要加强污水和垃圾处理、厕所改造、提升社会服务和供水供暖设施改造这几方面的工作,这将对兵团连队人居环境薄弱短板和突出问题集中发力,对兵团连队人居环境的改善起到关键性作用。

亟待改进的部分有生活垃圾、生活污水、厕所革命三项指标,兵团连队居民对这几项环

境因子的整治需求较为强烈,重视程度较高,期望较大,但目前的整治现状不能满足兵团连队居民的生活需求,认可度差异明显。因此,在以后的整治工作中,政府应将其作为首要解决的问题。

要做到补齐短板,需要组织开展好连队清洁行动,进行废弃物堆放点整治。首先,对各县市城郊、城乡接合部开展环境综合整治,禁止城市垃圾向兵团连队转移堆弃;其次,支持有条件的连队日常开展生活垃圾分类,依据当地具体情况确定投放地点和投放规范;最后,建立完善垃圾清运应急保障机制。

支持开展兵团连队生活垃圾分类试点,研究制定适合居民的垃圾分类方法和针对兵团连队特点的收运处理方法。一方面,推广简单易懂的生活垃圾四大分类方法,培养居民形成垃圾分类的生活习惯;另一方面,健全针对兵团连队生活垃圾收运处理体系,形成"户分类、组保洁、村收集、镇转运、县处理"的分级负责的工作模式,实现全覆盖、无漏项。加快农业废弃物和兵团连队生活垃圾处理利用。构建以县域或乡镇为基础的资源回收利用体系,再依靠供销社资源回收系统,积极开展对废旧塑料、一次性塑料制品、农膜等低值污染物的收购;建立奖励引导机制,解决垃圾资源化利用和减量问题,实现变废为宝。

7.3.2 提升公共服务,推动粪污治理

调研中发现大部分居民认为连队诊所医生水平中等偏下,连队医疗服务水平急需提高。为提高连队医疗人员服务水平,应建立可持续的人才培养机制,基层医疗服务人员应定期进行培训进修。同时应采取相应政策措施为连队医疗机构引进并留住人才,如可通过提供优惠政策、定向委培等方式鼓励毕业大学生到基层医疗卫生机构工作。

对于居民来说,厕所革命要严把入户调查、验收关。要准确排查兵团连队"厕所革命"的基础底数和建改情况,确保排查不漏户。要综合考虑当地财力、地理位置、生活质量等多方面因素,提前做好兵团连队改厕规划,合理选择卫生厕所类型,科学确定建改模式。

要突出兵团连队地下管网建设规划和粪污处理模式。对靠近城镇的村落,可以将厕所粪污直接并入城镇污水管网,统一规划、统一建设、统一运行;对远离城镇的中心村,要因地制宜建设规模适当的联户大三格和粪污处理设施;对于一般连队,可建设大小适中的联户三格和技术成熟、经济可行的小型处理设施,暂不能集中的可以建单户三格无害化厕所。

7.3.3 改善连队基础设施,调整连队住房规划

连队基础设施整治中,重要的是继续推进"公路亮化"工程。目前多数地区连队的村内已经通硬化路,但村内道路窄小、路边绿化质量差、拐弯上坡处处理差等一直都是存在的共性问题。整治措施如下:首先,在确保所有连队都能通硬化路的基础上,将有条件的兵团连队公路路面扩宽。其次,尽快修补好已经损坏的道路,并在公路沿线两侧的宜林地带种植树木,提高绿化总量和绿化效果,并且建设配套的路灯,进行道路亮化全覆盖。最后,加大对公路两侧范围内乱建、乱搭、乱堆治理。

住房规划中,重要的是提升房屋居住质量,优化院落周边环境。首先,要加强兵团连

住房安全管理,加快改造兵团连队危房。各村要加大对危房的排查力度,对于无经济能力改造的居民,应依法申请危房改造款。其次,要加强连队风貌管控。开展连队房屋庭院环境整治工作,美化公共场所与庭院环境,拆除违法乱建,移除乱堆乱放物品,并对居民环境卫生进行定期评比,引导全体居民形成"爱干净、讲卫生"的好习惯。最后,公共保洁区要责任到人。实行每天一打扫,保证区域干净整洁。

保护好村落历史文化与名村名镇。一是尽量保留连队原始风貌。搞好连队现代化建设的同时,注重对连队历史文化、传统风俗、建筑文物的保护,不需一味地去模仿城市发展节奏。二是发展连队特有风貌。紧跟时代步伐,打造自己乡村的独特风格,营造"升级版"现代连队。要充分融入地域文化元素,体现风格,把握连队原有的内涵和底蕴文化。

7.3.4　推动社会服务发展,提升居民幸福度

在兵团连队教育方面,应加大教育投入。一是要组织县城优秀教师定期下乡支教,提高乡村教师工资与社会福利待遇;二是要加强职业教育、成人教育,培养专业型人才。

在乡村医疗方面,应建设环境舒适的医务室,购置齐全的医疗设备,定期对医务人员培训,提高其行医水平。

社会服务中,在丰富居民文化娱乐活动方面,应多开展与居民生活息息相关的一些活动。比如利用传统节日(元宵节、端午节等)开展相应活动、举办手工艺品比赛和农作物病虫害防治知识竞赛等。

文化娱乐设施是兵团连队居民精神文化需求的重要载体,但部分连队存在娱乐设施不健全、设施安置位置不合适、利用效率低等现象。应根据连队人口数量和人口分布,建设包括篮球场、乒乓球台、健身器材在内的小规模娱乐广场,建设居民公共文化活动室,让居民能够开展丰富多彩的文体娱乐活动。

8 兵团团场连队人居环境整治建设内容与标准体系制定研究

8.1 兵团团场连队人居环境整治建设内容

8.1.1 积极推进连队厕所革命

1. 基本普及连队卫生厕所

师市要在已摸清连队户用厕所、公共厕所的数量、布点、模式等信息基础上,充分考虑自然地理条件、风俗生活习惯等因素,实现能改尽改。连队户厕改厕要基本入室,新建农房应配套设计建设卫生厕所及粪污处理设施设备。合理规划布局公共厕所,加快建设团场连队景区旅游厕所,落实公共厕所管护主体责任,强化日常卫生保洁。以建设水冲式公共厕所为主,有一定基础条件、发展乡村旅游等产业的连队可配套建设户厕。

2. 切实提高改厕质量

师市应在总结前期改厕经验的基础上,科学选择改厕技术模式,宜水则水、宜旱则旱。技术模式应至少经过一个周期试点试验,成熟后再逐步推广。连队户厕改厕和公共厕所建设要严格执行国家标准和规范。在水冲式厕所改造中积极推广节水型、少水型水冲设施。加强连队改厕产品质量监管,把好连队改厕产品采购质量关,强化施工质量监管。

3. 推进厕所粪污无害化处理与资源化利用

师市应按照连队改厕粪便无害化处理的要求,科学合理推进厕所粪污分散处理、集中处理或接入污水管网统一处理,鼓励联户、整连、整团(镇)一体处理。鼓励连队积极推动卫生厕所改造与生活污水治理一体化建设,暂时无法同步建设的应为后期建设预留空间。积极推动连队厕所粪污资源化利用,充分结合农业绿色发展,统筹使用畜禽粪污资源化利用设施设备,逐步推动厕所粪污就地就农消纳、综合利用。

8.1.2 加快推进连队生活污水治理

1. 分区分类推进治理

师市应优先治理中心连队、人口集中连队、生态敏感区、水源保护区、城乡接合部、旅游风景区等典型区域的生活污水。鼓励常住人口 700 人以上的连队采用污水管网统一处理;

常住人口 700 人以下的连队,采用联户集中处理、单户分散处理等方式。选择符合连队实际的生活污水治理技术,优先推广运行费用低、管护简便的治理技术,鼓励采用氧化塘、稳定塘、生态滤池、人工湿地、土壤渗滤等生态处理技术,推进连队生活污水资源化利用。注重连队污水治理与连队厕所革命统筹规划、有效衔接。严格执行新疆《农村生活污水处理排放标准》(DB 65 4275—2019)等。

2. 加强连队黑臭水体治理

师市应继续加大房前屋后、河塘沟渠等附近黑臭水体排查整治力度,调查清楚兵团连队黑臭水体底数,积极采取控源截污、清淤疏浚、生态修复、水体净化等措施进行综合治理,建立治理台账,明确治理优先序。扎实开展连级河长湖长巡河,强化河长湖长履职尽责,建立健全促进水质改善的长效运行管护机制。

8.1.3　全面提升连队生活垃圾治理水平

1. 建立健全生活垃圾收运处置体系

各师市要进一步完善"户分类、连收集、团场(镇)转运、师市处理"的生活垃圾处理体系,加强日常监督,不断提高运行管理水平;加强无害化处理设施或能力建设,合理确定转运站的位置、规模和数量,实现每个团场(镇)都具备垃圾转运或处理能力。连队要建设垃圾集中收集点或配备密闭式收集箱。距离具备无害化处理设施城镇较近的连队,生活垃圾纳入城镇统一处理;距离城镇较远的连队采取就地处理方式,通过自建或者与附近连队及地方村庄组团建设处理设施,实现连队生活垃圾有效处理。

2. 推动连队生活垃圾分类减量与资源化利用

师市应全面推进连队生活垃圾分类就地减量,减少垃圾出连处理量,降低收运处理的整体运行成本。有毒有害垃圾要单独收集处置;对可回收利用垃圾,每个连队都要建立回收网点或专门存放场所;可堆肥垃圾要定时定点投放,专人管理,收集后就地就近堆肥处理;灰渣土、碎砖烂瓦等建筑垃圾就地就近消纳,鼓励用于连内道路、入户路、景观等建设;其他垃圾进行无害化处理。协同推进连队有机生活垃圾、厕所粪污、农业生产有机废弃物资源化处理利用。根据国家有关要求,有序开展连队生活垃圾分类与资源化利用示范县创建。以团场(镇)或连队为单位建设一批区域有机废弃物综合处置利用设施。协同推进废旧农膜、农药肥料包装废弃物回收处理。扩大供销合作社等团场(镇)再生资源回收利用网络服务覆盖面,积极推动再生资源回收利用网络与环卫清运网络合作融合,创新回收方式和业态。

8.1.4　整体提升连容连貌

1. 改善连队公共环境

师市应开展林、田、路、渠综合治理,加强连队电力线、通信线、广播电视线"三线"维护梳理工作。全面清理私搭乱建、乱堆乱放,整治残垣断壁,通过集约利用连队内部闲置土地等方式扩大连队公共空间。指导连队健全应急管理体系,合理布局应急避难场所和防汛、消防等救灾设施设备,畅通安全通道。整治连队户外广告,规范发布内容和设置行为。关注特殊人群需求,有条件的地方开展连队无障碍环境建设。

2. 持续推进连队绿化美化

师市应以提高绿化率为重点,优先选择乡土或经济树种,大力新植和补缺树木花草,推进道路两旁绿化、环连绿化、庭院绿化、河岸绿化、拆违植绿等,充分利用房前屋后、河旁湖旁、渠边路边、零星闲置地、荒地、废墟等边角空地,开展连队小微公园和公共绿地建设,创建绿色生态连队,到2025年,美丽连队居住区绿化覆盖率达30%。对主干道路林、农田防护林、居民区环境林拉线修边,打造标准化林床。突出保护山体田园、河湖湿地、原生植被、古树名木等。因地制宜开展荒山荒地荒滩绿化,加强农田(牧场)防护林建设和修复。引导鼓励职工群众通过栽植果蔬花木等开展庭院、连队绿化。建立绿化管理、树木养护责任到人的长效机制。支持条件适宜的师市开展森林建设。

3. 加强连队风貌引导

师市应大力推进连队公共环境整治和庭院整治,按照国家有关要求,编制连容连貌提升导则。连队入口要建设连队标识。连队房屋修缮、节能改造以及环境打造要因地制宜,传承当地建筑风格和传统特色,融入兵团文化、民族团结和军垦元素,不搞千连一面,不搞大拆大建,塑造独具兵团特色的连队风貌。注重保护修缮条件较好、有军垦特色的老旧房屋,传承兵团记忆。

8.1.5　建立健全长效管护机制

1. 常态化开展连队清洁行动

师市应持续开展以"五清三化一改"为重点的连队清洁行动,在巩固现有工作基础上,突出清理死角盲区,由"清脏"向"治乱"拓展,由连队面上清洁向屋内庭院、连队周边清洁拓展;突出清理残垣断壁、无功能建筑、私搭乱建、乱堆乱放、乱贴乱画;引导群众养成良好生活习惯,从源头上减少不文明行为;通过"门前三包""红黑榜""网格化管理"等制度,进一步明确职工群众责任,充分调动职工群众积极性。鼓励设立连队清洁日等,推动连队清洁行动制度化、常态化、长效化。

2. 健全连队人居环境长效管护机制

应明确师市、团场(镇)及相关职能部门、运行管理单位责任,基本建立有制度、有标准、有队伍、有经费、有监督的连队人居环境长效管护机制。利用好公益性岗位,合理设置连队人居环境整治管护队伍,优先聘用符合条件的连队低收入人员。明确连队人居环境基础设施产权归属,建立健全设施建设管护标准规范等制度,推动连队厕所、生活污水垃圾处理设施设备运行管理和连队保洁等一体化运行管护。鼓励师市逐步建立财政补贴和职工合理付费分担的运行管护机制。

8.2　兵团团场连队人居环境整治标准体系制定研究

8.2.1　国内外人居环境标准体系构建综述

1. 我国农村人居环境改善的历程回顾

我国是一个农业大国,党和政府历来高度重视连队问题。从 1949 年至今几十年的历程中,国家持续对连队各项建设加大投入,连队发展取得了很大的进步,连队人居环境也有一定程度的改善。

2. 我国农村人居环境建设的政策梳理

2017 年 10 月,十九大报告中首次提出乡村振兴战略,12 月,中央农村工作会议提出了实施乡村振兴战略的目标任务和基本原则。2018 年 2 月 4 日,中央一号文件正式发布,对实施乡村振兴战略进行了全面部署,并确定了三个阶段的战略实施目标。实施乡村振兴战略,是中共十九大作出的重大决策部署,是决胜全面建成小康社会、全面建设社会主义现代化国家的重大历史任务,是新时代"三农"工作的总抓手。实施乡村振兴战略,让乡村焕发生机与活力,实现繁荣与兴盛,实现新农村建设的发展与超越。

3. 我国农村人居环境建设标准的主要问题

自第一次全国改善农村人居环境工作会议以来,我国农村人居环境建设取得了长足进展。但是,我国农村人居环境内部差距极大,发展极不均衡,仍然存在相当一部分县市连队人居环境十分恶劣的情况。我国各地农村发展阶段差异很大,亟待解决的人居环境方面的问题也各不相同,但目前在差异化的发展指导方面尚做得不够。《农村人居环境整治三年行动方案》中,对东部地区、中西部地区、近郊地区、偏远地区分别提出了不同的发展目标,并对部分农村人居环境改善任务进行了量化目标的分解,但总体上仍然是一个偏宏观指导的方案。各省、市细化落实的农村人居环境整治行动方案里,也多少存在类似的问题。

4. 国外农村建设历程研究与经验借鉴

从欧美及东亚等国发展建设的经验看,不管何种类型的农村建设方式和乡村发展模式,其核心均是在规模化、产业化经营模式的同时,保持宜人的乡村生态风光、原生的人文旅游产品以及配备完善的基础设施网络和公共服务系统,提供良好的交通、教育、医疗等服务水平,实现农村生产、生活、生态各个方面有机协调,有效缩小城乡差距。在建设标准上,国外乡村建设的标准不仅涉及人工的建筑环境,还把视作本底的乡村自然生态系统并入乡村居民点建筑环境之中加以综合研究。其关注点也不仅着眼于物质空间形态,而且涵盖了自然、环境、经济、社会等方面。在营造健康生活环境之余,致力于提供更好的增加乡村居民的经济收入方式、减少对生态负面影响的实用技术、保护和发扬源远流长的地方传统文化和聚落文明。同时值得注意的是,国外乡村建设标准往往是一个动态的体系,随着人们对乡村可持续发展的认识不断更新,新的指标还会出现,原有指标的内涵也会发生变化。

5. 国内农村建设地方标准研究与借鉴

从各地关于乡村建设和农村人居环境改善的政策文件和标准指南的情况看,在落实国家总体要求的同时,各地大多根据自身实际情况进行了目标的分解和任务的细化,充分体现地方特色。在关注点上,主要是从农村规划、农房风貌、基础设施、公共服务、生态环境等方面出发,聚焦关键性指标并形成有考核约束的评价体系,着重提升生产生活条件。

我们基于《国务院办公厅关于改善农村人居环境的指导意见》《住房城乡建设部等部门关于开展改善农村人居环境示范村创建活动的通知》《农村人居环境整治三年行动方案》等相关文件精神,提取出农村人居环境建设的涉及指标。在此基础上,结合国内外经验、其他相关标准规范的有关内容,提出可选用的补充指标。综合两者,形成待选指标库。考虑到我国国情、地方差异性、指标获取的便利性,从待选指标库中选择安全保障、生活设施、产业经济、公共服务、卫生环境、景观风貌、建设管理等七大方面、35 项指标,构建我国农村人居环境建设标准体系。

6. 兵团团场连队人居环境建设标准的建设情况

2022 年,为进一步加强对兵团连队规划编制工作的指导,根据特殊作用类连队、整合类连队、生产作业点的职能定位,按照相关规范标准,结合兵团连队公共服务设施及基础设施配置实际,新疆生产建设兵团制定了《兵团连队公共服务设施及基础设施配置指南(试行)》。该指南中对于连队规划、公共服务设施(基层管理、教育、文体科技、医疗、商业服务)配置、基础设施配置(道路交通、给水、排水、供电、通信、能源利用、供热、环境卫生等)提出了详细要求。

8.2.2 兵团团场连队人居环境标准体系构建依据

1. 农村人居环境国家标准、行业标准

通过对农村人居环境相关国家标准、行业标准进行分类检索,目前专门针对农村人居环境领域的国家标准与行业标准一共 20 项,其中国家标准 13 项,行业标准 7 项。对农村人居环境标准体系进行分类,可分为综合通用 2 项,连队厕所相关标准 5 项,连队生活垃圾相关标准 2 项,连队生活污水标准 5 项,连队村容村貌标准 6 项,如表 8-1 所示。

表 8-1 农村人居环境相关国家标准与行业标准

序号	标准号	标准名称	发布年份	类别	类别
1	GB/T 32000—2015	美丽乡村建设指南	2015	国标	综合通用
2	GB/T 37072—2018	美丽乡村建设评价	2018	国标	综合通用
3	GB 19379—2012	农村户厕卫生规范	2012	国标	连队厕所
4	GB/T 38836—2020	农村三格式户厕建设技术规范	2020	国标	连队厕所
5	GB/T 38837—2020	连队三格式户厕运行维护规范	2020	国标	连队厕所

序号	标准号	标准名称	发布年份	类别	类别
6	GB/T 38838—2020	农村集中下水道收集户厕建设技术规范	2020	国标	连队厕所
7	GB/T 38353—2019	农村公共厕所建设与管理规范	2019	国标	连队厕所
8	GB/T 37066—2018	农村生活垃圾处理导则	2018	国标	连队生活垃圾
9	HJ 574—2010	农村生活污染控制技术规范	2010	行标	连队生活垃圾
10	GB/T 37071—2018	农村生活污水处理导则	2018	国标	连队生活污水
11	GB/T 40201—2021	农村生活污水处理设施运行效果评价技术要求	2021	国标	连队生活污水
12	NY/T 2597—2014	生活污水净化沼气池标准图集	2014	行标	连队生活污水
13	NY/T 2601—2014	生活污水净化沼气池施工规程	2014	行标	连队生活污水
14	NY/T 2602—2014	生活污水净化沼气池运行管教规程	2014	行标	连队生活污水
15	GB/T 38549—2020	农村河道管理与维护规范	2020	国标	连队村容村貌
16	GB/T 9981—2012	农村住宅卫生规范	2012	国标	连队村容村貌
17	GB 18055—2012	村镇规划卫生规范	2012	国标	连队村容村貌
18	NY/T 2093—2011	农村环保工	2011	行标	连队村容村貌
19	LY/T 2645—2016	乡村绿化技术规程	2016	行标	连队村容村貌
20	LY/T 2646—2016	城乡结合部绿化技术指南	2016	行标	连队村容村貌

注:数据统计日期截至2021年7月15日。

2.农村人居环境地方标准

通过对地方标准检索,筛选出30个省193项农村人居环境相关标准。地方标准制定数量居前五位的省、自治区分别是江苏省(20项)、浙江省(15项)、山东省(13项)、宁夏回族自治区(12项)及陕西省(12项)。对193项农村人居环境地方标准进行初步分类,其中综合通用相关标准9项,农村厕所相关标准15项,农村生活垃圾相关标准21项,农村生活污水相关标准54项,农村村容村貌相关标准94项。

8.2.3 连队人居环境指标体系的构建原则

兵团连队人居环境整治具有多样性、全局性和系统性的特点,构建一套科学合理、逻辑性强且内容全面的指标体系,要遵循以下原则:

1. 客观性原则

连队人居环境整治指标体系要能够客观反映出区域内的兵团政府整治水平,这就要求兵团连队人居环境整治指标体系的构建既要总结当前学者对于连队人居环境整治的前沿研究,又要结合研究样本地区连队人居环境整治的实施情况,要将理论基础研究与实际情况分析相结合,要建立在客观性科学的基础之上。

2. 可操作性原则

在选取指标时,要考虑到兵团连队的实际情况,数据的可获取性与获取难易程度,避免由于数据难以收集、难以统计量化而造成的指标弃用。

3. 系统性原则

连队人居环境整治指标系统是一个有机整体,整治工作的执行主体履行相关政策的实践活动,最终体现在连队职工的满意度上。这就要求所选取指标要能够全面而准确地体现各系统的特点及内涵,使得指标体系的各层次之间体现一定的整体性与目的性,要能够全面系统地反映兵团连队人居环境整治的整体情况。

根据兵团团场不同定位下的连队人居环境发展现状和实际需求,构建内容科学、结构合理的连队人居环境标准体系框架,并展开长效管护机制研究,提出可持续的管理运行办法,最终形成协调配套、协同发展的标准化工作机制,为连队人居环境改善提供有效的标准支撑。

兵团团场连队人居环境整治标准体系见表 8-2。

表 8-2　兵团团场连队人居环境整治标准体系

兵团团场连队人居环境整治标准体系	连队生活垃圾标准	分类收集标准
		收集转运标准
		处理处置标准
		处理工艺
	连队厕所标准	卫生标准 ①硬件设施标准 ②粪污清理标准 ③运输标准
		设施设备标准
		建设验收标准
		管理管护标准 ①维护标准 ②管护服务标准
	连队生活污水标准	设施设备标准
		建设验收标准
		管理管护标准
	连队村容村貌标准	连队水系标准
		连队公共照明标准
		连队绿化标准
		连队公共空间标准
		连队保洁标准

兵团团场连队人居 环境整治标准体系	长效管护机制	坚持基本原则
		组建管护队伍
		建立长效机制
		保障措施

8.3 兵团团场连队人居环境整治标准

8.3.1 连队生活垃圾标准

1. 分类收集标准

（1）连队统一按每人每天 0.3～1.0 kg 标准配置分类垃圾桶及垃圾清运作业车。连队内部每 10 户应设置一个揭盖式塑料垃圾箱用于收集混合垃圾,混合垃圾收集点可根据实际需要设置,垃圾收集点的服务半径为 50～80 m,不宜超过 100 m,收集的频率一般可选择每周 1 次。

（2）连队内应设有垃圾收集船,用于进行混合垃圾集中转运,垃圾收集船距离居民住地不应小于 300 m,场地周围应设置不低于 2.5 m 的防护围栏和污水排放渠道,垃圾收集船应定时喷洒消毒及灭蚊蝇药物,并且定时对垃圾收集船进行清洗保养。

（3）垃圾收集设施应美观适用,与周围环境协调,宜布置于连队居民习惯的垃圾投放点,以方便居民使用;设施表面应有明显标志,并符合《生活垃圾分类标志》(GB/T 19095—2019)的规定。

（4）垃圾收集站应设置必要的交通、安全警示标识,配备相应的供电、给排水、压缩、除臭等设施,并定期检查维护,发现异常及时修复。

（5）垃圾的收集频率,宜根据垃圾的性质和排放量确定,由垃圾收集人员定时收集,并在规定时间内完成,有条件的连队宜上门收集。

（6）垃圾收集设施应符合相关环境卫生安全要求,密封、防渗漏,应及时维护和更换。应定期清扫垃圾收集设施内部及周边区域,喷洒消毒药水,消杀控制蚊、蝇、鼠、蟑螂等,做好卫生防疫工作。

（7）收集设施的设置应便于废物的分类收集,并有明显标识。

（8）可堆肥垃圾应投放至指定投放点,单独收集。

（9）可回收物(纸类、金属、玻璃、塑料等)应进入再生资源回收体系回收利用。

（10）有害垃圾应单独收集、清运和处理,并遵守环境保护主管部门相关规定。

2. 收集转运标准

（1）按照"户分类、连收集、团转运、师处理"的收运处置体系,并考虑连队人口密度、道路状况及连队垃圾收集站(点)至师市或集中垃圾处理设施的运输距离等因素,按照总体规划,选择运输模式,合理设置转运站和服务半径。

(2)离垃圾处理厂较远的连队,无法就近处理垃圾,应设置垃圾中转站。

(3)垃圾收集中转站应符合师市的相关规划,垃圾中转站的服务半径不宜小于800 m。

(4)垃圾中转站的设备配置应根据其规模、垃圾车厢容积及日运输车次进行确定,建筑面积不应小于60 m²。

(5)垃圾中转站前的场地布置应满足垃圾收集车、垃圾运输车通行方便和安全作业的要求,其建筑风格和外部装饰应与周围的居民住宅、公共建筑物及环境相协调,垃圾中转站周围应设置不小于5 m宽的绿化带。

(6)垃圾中转站应有防尘、防污染扩散及污水处置等设施。

(7)垃圾中转站内场地应整洁,勿洒落垃圾和堆积杂物,勿积留污水。

(8)宜采用密闭式运输。

(9)运输距离较短且条件成熟的地区,宜采用"定点收集+直接运输"的模式。垃圾实际运输距离较远且运量较大,宜采用转运模式。

(10)应依据垃圾清运服务半径合理设置垃圾转运站。转运站应保持通风、除尘、除臭及排水设施设备完好。

(11)垃圾运输车辆的使用、维修应规范管理。

3.处理处置标准

生活垃圾应因地制宜地选择城乡一体化处理或其他处理模式,并符合下列要求:

(1)按照总体规划,结合连队居民生活垃圾分类情况,利用现有的环境卫生、可再生能源和环境污染处理设施,合理配置地区公共环境卫生设施资源。

(2)处理工艺技术成熟、可靠,既要考虑建设成本,也应考虑运行成本。

(3)条件成熟的地区宜建立跨村域、镇域、县域的"收集—转运—处理"环卫作业链,优化配置生活垃圾收集、运输及处理资源,建立一定规模的处理设施。

(4)偏远地区的可堆肥垃圾应就地简易堆肥利用;有害垃圾可考虑长期收集,达到一定量后实施一次转运。

(5)应采取相应措施防止二次污染。

4.处理工艺

(1)可堆肥垃圾应就近进行堆肥处理或厌氧消化处理,综合利用。产生的沼渣和沼液及其处理应符合《沼肥施用技术规范》(NY/T 2065—2011)、《沼气工程沼液沼渣后处理技术规范》(NY/T 2374—2013)的要求。

(2)垃圾填埋应符合《生活垃圾卫生填埋处理技术规范》(GB 50869—2013)的规定。

(3)垃圾可集中收集运输至垃圾焚烧厂进行处理,不得使用简易焚烧技术和设备。

8.3.2 连队厕所标准

针对兵团四种不同类型的连队,连队内部厕所数量以及类型也都各不相同。

旅游特色型连队属于通达条件良好的连队,实现生活各类处置体系全覆盖,全面完成无害化卫生户厕改造,户厕采用完整下水道水冲式厕所,连队公共厕所采用成品环保公共厕所,旅游厕所布局合理、数量充足、干净卫生。景区、商业街、大型商超附近都应设置有公共厕所。

美丽宜居型连队属于人口集中、发展条件较好的连队,也可达到全面完成无害化卫生户厕改造,户厕以及连队公共厕所都采用完整下水道水冲式厕所。公共厕所数量根据需要按服务人口设置,宜为 600～1000 人/座。

提升改善型连队属于人口相对集中、具备一定发展潜力的连队,其中 85% 以上的农户完成无害化卫生户厕改造,户厕采用完整下水道水冲式厕所,公共厕所采用三格化粪池式卫生厕所,公共厕所数量根据需要按服务人口设置,有户厕区域宜为 600～1000 人/座,无户厕区域宜为 100～200 人/座。

基本整洁型连队属于规模小、较分散、经济欠发达的连队,在优先保障农民基本生产生活条件的基础上,无害化卫生户厕改造有较明显提升,公共厕所主要为旱厕,连队内部设置 1～2 处即可。

1. 硬件设施标准

公共厕所的设计应符合一定的标准,男女蹲位的设置比例宜为 1:1.5,建设标准应为每一千人 10～30 m²(住户有厕所的取下限,住户无厕所的取上限),厕所最低建筑面积不应低于 30 m²,公共厕所服务半径控制在 300～500 m。

公共厕所内墙裙应采用光滑、便于清洗、耐腐蚀的材料;地面、蹲台面应采用防滑、防渗的材料。公共旱厕的小便池宜采用简易的小便斗,尿液直接排至粪池,禁止大面积尿池开敞暴露而导致臭气污染环境。

公共旱厕应采用粪槽排至"三格式"化粪池的形式,粪池也可与沼气发酵池结合建造。公共旱厕的设计和使用应符合下列规定:

(1)粪池容积应满足至少 2 个月清掏一次的容量,舀水冲洗便器的公厕清洗用水按每人每天 3.5 L 计算,集中式水箱冲洗便器的公厕清洗用水按每人每天 7 L 计算。

(2)化粪池的深度根据地形及周围建筑物、环境等因素确定,化粪池第一池、第二池的深度以不超过 2500 mm 为宜,第三池可为 2000 mm,但不应少于 1500 mm。

(3)过粪管宜采用直径 150 mm 的陶瓷、水泥或 PVC 管。两根过粪管交错安装。若池的容积过大,应增加过粪管的数量。

(4)应采用钢筋混凝土浇筑粪池池盖。各池留 500 mm×500 mm 的活动盖,便于清渣、掏粪。大便口和取粪口应加盖密闭。

(5)公共旱厕应确保粪池不渗、不漏、不冻。

2. 粪污清理标准

(1)化粪池宜由专业人员清掏,用户可自行清掏第三池粪污。

(2)清掏全过程应禁止烟火。

(3)清掏人员应佩戴个人卫生防护用品。

(4)清掏前,应检查抽粪车和抽粪管道,避免粪污泄漏;应在化粪池周边就近放置醒目警示标志,提醒行人、车辆安全避让;化粪池应充分通风,不应进入化粪池内作业。

(5)清掏时,应选用适当工具,避免损坏化粪池结构;第一池、第二池、第三池粪污不应互混清掏,应取用第一池、第二池的粪污施肥。

（6）清掏后，应及时将盖板复位，并冲洗作业场地和清掏工具，确保清掏口周边环境干净整洁，不应造成环境污染。

3. 运输标准

（1）清运设备应保持干净整洁，清运后应及时清洗。

（2）粪污运输过程中，抽粪车罐体应保持密闭，不应泄漏外溢、随意倾倒。

（3）清运设备每次使用后应消毒，定点停放。

4. 处理处置

符合《粪便无害化卫生要求》（GB 7959—2012）规定的粪污宜就地就近利用。第一池、第二池粪皮粪渣清掏后应通过好氧发酵、厌氧发酵等方式进行无害化处理，应达到（GB 7959—2012）的有关要求。无法就近利用的粪污应转运至集中处理中心经处理后再利用。

5. 设施设备标准

（1）厕屋

① 厕屋内应保持清洁卫生，地面无积水、无结冰、无垃圾。

② 厕屋内可根据需要设置贮水设施、盛水容器，并配置便纸筐和清洁维护工具。

③ 厕屋内应保持通风设施运行正常，臭味强度、氨气浓度等卫生指标的控制应达到《农村户厕卫生规范》（GB 19379—2012）的要求。

（2）清洗设施

① 在满足清洁卫生的前提下，用户应节约用水，鼓励循环利用。

② 不具备自动水冲条件的用户，可采用人工冲洗、清洁刷清洗等节水环保的方式清洁便器。

③ 寒冷地区入冬前外露的涉水管道、贮水设施、盛水容器等应采取防冻保温措施。

（3）便器

① 启用时，便器内如有杂物应及时清理出，不应冲入化粪池内。

② 采用蹲便器的独立式户厕，宜配备带把手的便池盖板。

③ 便器应及时清理，保持无粪迹、尿垢和杂物存留。

④ 餐厨残渣残液、烟头以及难降解的卫生用品等不应扔入便器。

（4）化粪池

① 新建化粪池经水密性检验合格后，方可启用。

② 化粪池投入运行前，应向第一池注水至浸没第一池过粪管口。

③ 化粪池使用过程中，盖板应保持密闭。

④ 化粪池中粪污的有效停留时间，第一池应不少于 20 d，第二池应不少于 10 d，第三池应不少于第一池、第二池有效停留时间之和。

⑤ 新鲜粪污不应进入化粪池第二池、第三池。

⑥ 化粪池第三池粪污应每月检查一次，适时清掏，防止粪污满溢。

⑦ 化粪池第一池、第二池的粪皮、粪渣应每半年检查一次，应适时清掏，不应影响进粪管和过粪管的畅通。

⑧ 化粪池排气管原则上应每年检查一次并保持通畅。

⑨ 化粪池区域应保持空气流通，上方不应堆压重物或停放车辆，不应吸烟、放鞭炮或使

用明火,宜设置围栏,应有禁压、禁火标志。

6.建设验收标准

（1）一般要求

① 村内已有污水收集管网的户厕改造项目,施工方案应根据现有污水收集管网的现状制定。当户厕改造与村内污水收集管网同时建设时,应统筹制定施工方案。

② 厕屋施工不应影响原有房屋及设施的安全。

③ 基坑及管沟施工时应设安全标识,晚间应设警示灯。

④ 施工时应减少对村民日常生产生活的影响。

（2）土方开挖

① 基坑深度、长度和宽度应根据厕屋基础、户用化粪池尺寸、覆土厚度及施工工作面要求确定。寒冷和严寒地区户用化粪池应埋置在冻土层以下或采取防冻措施;现建式户用化粪池顶部宜无土覆盖。化粪池上面有绿化要求时,覆土厚度宜不小于 300 mm。

② 基坑开挖时,应采取防止边坡塌方措施。对软土、沙土等特殊地基条件,应采取换土等地基处理措施。

③ 宜避开雨季施工,寒冷和严寒地区宜避开冬季施工。雨季或地下水位较高时施工,应做好排水措施,防止基坑、管沟内积水和边坡坍塌。

（3）厕屋施工与卫生洁具安装

厕屋施工与卫生洁具安装应按《农村三格式户厕建设技术规范》（GB/T 38836—2020）要求执行。

（4）户用化粪池施工

① 基坑底面应整平、夯实,铺设砂或砂石垫层不宜小于 100 mm,再浇筑户用化粪池底板,混凝土强度等级不应低于 C20,厚度不应小于 100 mm。

② 砖砌户用化粪池应采用强度等级不小于 MU10 级的标准砖或等强度的代用砖,应用不低于 M10 的水泥砂浆砌筑,池壁内外表面应抹防水砂浆,厚度不应小于 20 mm。

③ 钢筋混凝土户用化粪池应整体浇筑,振捣密实,混凝土强度等级不应低于 C25,钢筋应采用 HPB300、HRB400。

④ 户用化粪池第一池与第二池间的隔板,应采用砖砌或具有抗腐蚀性能的塑料板、水泥板等制作。

⑤ 户用化粪池盖板宜采用带维护口的预制钢筋混凝土盖板,混凝土强度等级不应低于 C20,厚度不应小于 80 mm。

⑥ 整体式户用化粪池安装:在基坑底面整平夯实后,应铺设混凝土或砂石垫层。当地基为坚土时,应铺设砂石垫层,厚度不宜小于 100 mm;当地基为软土时,应铺设混凝土垫层,厚度不宜小于 80 mm。户用化粪池应平稳放入基坑,地下水位较高时应采取抗浮措施。户用化粪池进水管与便器连接应密封不渗漏。

（5）排水管安装

① 排水管应通过检查井接入污水收集管网,检查井井盖应有标识。

② 已建的水冲式卫生厕所直接接入污水收集管网时,排水管接口标高不应小于污水收集管网标高。

③ 排水管埋置于路面以下时,应采用抗压强度较高的管材;寒冷和严寒地区排水管应采取铺设在冻土层以下等防冻措施。

④ 排水管安装完成后,应检查接头处是否损坏及渗漏,并通过冲水检验冲便效果,检查户用化粪池、排水管是否正常工作。

（6）土方回填与地面修复

① 户用化粪池、排水管施工完成并满水试验合格后应及时进行土方回填,宜采用原土在化粪池四周对称分层密实回填。回填土应剔除尖角砖、石块及其他硬物,不应带水回填。

a.土方回填时,应防止管道、卫生洁具、化粪池发生位移或损伤。

b.土方回填后,应对路面、排水沟、绿化等设施修复,恢复其原有功能。

② 工程质量验收

施工过程中,施工单位应根据需要组织自检,包括但不限于关键工艺环节自检、隐蔽工程掩盖前自检、单个户厕完工自检。

对符合验收条件的单位工程,应由建设单位按照国家法律法规规定的验收程序对建设内容和工程质量进行竣工验收。

连队集中下水道与连队污水管网同时施工时,应同时验收。

户用化粪池的质量验收应抽样并按照《给水排水构筑物工程施工及验收规范》(GB 50141—2008)要求进行满水试验。

7. 管理管护标准

（1）维护标准

① 厕屋内外宜每日清扫,适时消毒。

② 厕屋门窗、便器,清洗等设备设施如有故障或损坏,应及时维修或更换。

③ 每年应至少检查一次化粪池,出现盖板破损、地基沉降、化粪池上浮、进/过粪管脱落、排气管断裂、池体隔板移位等现象的,应及时维修或更换。

④ 破损严重的化粪池应及时报废处理,不应随意丢弃。

⑤ 每年应至少检测一次粪污无害化处理效果,确保处理后的粪污符合《粪便无害化卫生要求》(GB 7959—2012)的规定。

（2）管护服务标准

① 具备条件的地区,鼓励管护市场化、服务社会化、粪污清理处理专业化和装备机械化。

② 对质保期和质保范围内的问题,应由户厕设备供应厂商或设施施工单位及时免费维修;对质保期和质保范围以外的问题,宜委托专业管护队伍及时维修。

③ 专业管护队伍可提供厕具维修、粪污清运、粪污处理利用等服务,并做好服务记录。

④ 专业管护队伍应制定规章制度并实施管理,可包括以下内容:

a. 维护管理规范;

b. 服务质量保障制度;

c. 投诉处理制度;

d. 突发事件应急预案。

8.3.3 连队生活污水标准

1. 设施设备标准

（1）生产污水量及变化系数，可按产品种类、生产工艺特点及用水量确定，可按生产用水量的75%～90%进行计算。

（2）采用管道收集生活污水，应根据人口数量和人均用水量计算污水总量，并估算管径，出户管的最小管径应不小于200 mm，污水干管最小管径应不小于300 mm。

（3）污水管道宜依据地形铺设，铺设坡度应不小于0.3%，以满足污水重力自流的要求。污水管道与建筑物外墙间距宜大于2.5 m，与树木中心间距宜大于1.5 m。

（4）污水管道铺设应尽量避免穿越场地，避免与沟渠、铁路等障碍物交叉，并应按有关规定设置检查井。检查井一般应设置在管道交汇处、转弯处、管径或坡度改变处、跌水处。

（5）兵团团场的污水处理设施采用分散式模式，宜采用三格式化粪池、双层沉淀池等设施。污水量小，且土地资源丰富的连队宜采用土地处理或稳定塘等自然处理方式。

（6）采用土地处理污水时，应严格防止地下水污染。

（7）采用土地处理污水的地区，地下水埋深不宜小于1.8 m。

（8）土地处理场距住宅和公共通道距离不应小于100 m。

（9）在集中式给水水源卫生防护带、裂隙性岩层和含水层露头地区，不得采用土地处理污水。

（10）生物滤池的平面形状宜采用圆形或矩形。填料应质坚、耐腐蚀、高强度、比表面积大、空隙率高，宜采用碎石、卵石、炉渣、焦炭等无机滤料。

（11）在排水管渠上应设置检查井，污水管道管径宜为700～1500 mm，最大间距为75 m。

2. 建设验收标准

（1）一般规定

① 生活污水净化池施工完毕，须经竣工验收合格，方可投入运行使用。

② 工程验收包括中间验收和竣工验收，分项或分部工程先进行中间验收，合格后进行下一道工序。

③ 中间验收应由施工单位会同连队能源主管部门，质量监督部门和设计、监理单位共同进行，并做好记录。

④ 竣工验收应由工程所在地县级以上能源主管部门组织施工、设计、监理、质量监督部门及业主联合进行。

（2）中间验收

① 中间验收应包括：隐蔽工程的验收，生活污水净化池的水密性试验，生活污水净化池的气密性试验，工艺、水、电、气系统各分部工程的外观检查，管道系统强度及严密性试验，并做好调试记录。

② 验收时应对施工日志和净化池各部位的几何尺寸及提供的中间验收资料和质检资

料进行复查。池体内混凝土表面应无蜂窝、麻面、孔隙及渗水痕迹等目视可见的明显缺陷，粉刷层不得有空鼓或脱落现象。

③ 中间验收时，应按规定的质量标准进行检验，并认真填写中间验收记录。

（3）竣工验收

①生活污水净化池竣工验收应提供下列文件资料：

a. 工程概况。

b. 设计图纸技术交底会议纪要。

c. 工程开工申请书。

d. 施工组织设计。

e. 设计变更和钢材代用证件。

f. 主要材料的合格证，复测报告。

g. 试验报告。

h. 施工测量记录。

i. 工程地质报告。

j. 混凝土工程施工记录。

k. 水密性、气密性等检测记录。

l. 中间验收记录。

m. 工程质量检验评定记录。

n. 施工日记。

o. 工程质量事故处理记录。

p. 工程竣工通知。

q. 全套工程竣工图。

r. 工程决算书。

s. 其他有关文件及记录。

② 生活污水净化沼气池竣工验收时，应核实竣工验收文件资料并应做必要的复验和外观检查，对各分项工程质量作出鉴定结论，填写竣工验收鉴定书。

（4）工程验收文件

① 竣工验收报告。

② 用户报告。

③ 生活污水净化沼气池竣工验收后，建设单位应按有关档案管理的要求将有关设计、施工、监理、验收的文件技术资料立卷保存。

3. 管理管护标准

（1）定期检查

检查时间应按照每周或者每月进行，由运行管理人员列出时间表对所管理区域的净化池进行定期巡查，及时发现问题并解决，或者上报，并做好相应记录。检查内容须包括：净化池运行及进出水量是否正常，管道是否畅通，进出水质有无明显异常；净化池外观是否完好，有无裂缝、渗漏，窖井盖是否盖好；所产沼气是否正常利用或者安全排放。

（2）周期维护

① 净化池每隔 2～4 年须进行一次全面的检查维修。

② 净化池每年须检测一次厌氧消化单元的气密性。

③ 处置日常使用问题。

④ 对用户所反映净化池使用中出现的问题及时处置。

⑤ 污泥清掏。

⑥ 净化池的除沙池须 30 d 清渣一次。

⑦ 净化池污泥宜采用机械清掏,每年一次。

⑧ 清掏出的污泥废渣经过无害化处理后宜用作农肥。

8.3.4　连队村容村貌标准

8.3.4.1　连队水系标准

（1）生态环境维护

① 应定期维护岸坡绿化植物,以及具有水体净化功能的水面植物浮床和沉水、挺水、浮水植物。对缺损、枯萎的植物应适时补种、修剪、更新等,并应根据病虫害情况开展有效防治。

② 宜通过种植适宜的水生植物、放养水生动物等方式,增强水体生态修复能力,改善生态环境。

③ 应保持河道生态环境与周边自然人文环境相协调。

④ 河道水体控制标准应符合《村庄整治技术规范》(GB 50445—2008)中的规定。当河道水质发生恶化时,应按《地表水环境质量标准》(GB 3838—2002)中的要求进行水质监测,并采取相应的处置措施。

⑤ 对于景观河道,应制定专门的管护措施并予以实施。

（2）河道保洁

① 应清理河道管护范围内,特别是河中、河坎、河岸边、桥洞、河埠头等处的废弃漂浮物、垃圾、杂草、畜禽粪便等,日产日清。

② 应及时清除河道管护范围内堆放的杂物。

③ 应及时处理河道管护范围内的动物尸体及动物产品。

④ 应及时清除河道相关设施和构筑物立面的污迹、积尘、蛛网以及乱贴、乱挂物件等。

⑤ 清除的垃圾应统一纳入连队生活垃圾收集、转运、处理系统,相关要求见《农村生活垃圾处理导则》(GB/T 37066—2018)。

（3）清淤清障

① 应根据各地实际情况对河道进行清淤清障,并与河堤建设、滩地保护等相结合。

② 应采用合理的清淤方式和淤泥处置方案,妥善处置淤泥,防止对环境造成二次污染,减少清淤土方堆放对农田的占用。

③ 发现影响河道引排畅通的障碍物(如违章建筑物或构筑物、挡水围堰、坝坡等),应及时向主管部门报告。

(4) 河道设施维护

①应设立河道管护责任牌,明确河道名称、管护范围、管护内容、管护责任人、监督电话等。

②对界桩、责任牌、宣传牌、公示牌、安全警示牌等设施应进行定期维护,保持设施完好,标识及字迹清晰,内容准确。

③河道安全设施、灌溉设施、防汛设施、亲水便民设施等应由专业人员定期维护,确保正常使用和安全运行。

(5) 供水设施标准

根据连队饮用水、绿化和庭院等用水量配置给水设施,明确连队给水水源或取水设施,具备条件的连队纳入城乡一体化系统,按照《村镇供水工程技术规范》(SL 310—2019)要求,人均生活用水量指标为 60～100 L/d,水质符合《生活饮用水卫生标准》(GB 5749—2022)的规定。饮用水和水源保护措施符合《集中式饮用水水源地规范化建设环境保护技术要求》(HJ 773—2015)的规定。

(6) 排水设施标准

根据连队规模配置排水设施。距离团部较近的连队应优先利用团部排水设施,其他连队应因地制宜采用集中收集的污水处理设施,有条件的连队可实施中水回用。

8.3.4.2 连队公共照明标准

1. 功能照明设置原则

(1) 村镇照明分级参照《镇规划标准》(GB/T 50188—2007)、《美丽乡村建设指南》(GB/T 32000—2015)、《乡村道路工程技术规范》(GB/T 51224—2017)的要求执行。

(2) 功能照明的亮(照)度水平应保证居民的生产、生活需求。

(3) 根据道路使用功能,村镇道路照明可分为主要供机动车使用的机动车交通道路照明和主要供非机动车与行人使用的人行道路照明两类。

(4) 村镇的机动车交通道路照明应分为:

① 镇区道路分为主干路、干路、支路、巷路四级;

② 连队道路分为干路、支路、巷路三级。

(5) 村镇主要功能标识宜设置照明。

(6) 在安全隐患区域,应设置功能照明。

(7) 基础设施和紧急避难设施应设置功能照明。

(8) 自然保护区可设置最低限度的功能照明。

2. 功能照明设置指标

(1) 道路照明要求

村镇机动车道照明标准值见表 8-3。

表 8-3 村镇机动车道照明标准值

道路分级	道路类型	路面平均亮度/维持值(cd/m²)	亮度总均匀度 U_0 最小值	路面平均照度/维持值(lx)	照度均匀度 U_c 最小值	眩光限制阈值增量 TI(%,最大初始值)
镇区道路	主干路	1.00/1.50	0.4	15/20	0.4	10
	干路	0.75/1.00	0.3	10/15	0.3	10
	支路	0.50/0.75	0.3	8/10	0.3	15
	巷路	0.40	—	5	—	—
连队道路	干路	0.50/0.75	0.3	8/10	0.3	15
	支路	0.50		5/7.5		
	巷路	0.40	—	5	—	—

注:①表中所列的平均照度仅适用于沥青路面。若系水泥混凝土路面,其平均照度值相应降低约30%。

②表中各项数值仅适用于干燥路面。

③表中对每一级道路的平均亮度和平均照度给出了两档标准值,"/"的左侧为低档值,右侧为高档值。应根据交通流量大小、车速高低以及交通控制系统和道路分隔设施完善程度,确定同一级道路的照明标准值。交通控制系统和道路分隔设施不完善的道路,宜选择表中的高档值;当交通流量小或车速低时,宜选择本表中的低档值。

① 道路交汇区的照明控制标准值在表 8-3 的标准值基础上高出 50%。

② 以供机动车为主的人机混行的道路应满足表 8-3 中要求,以行人为主的人机混行道路路面平均照度为 10 lx,路面最小照度为 5 lx。

③ 主要供行人和非机动车道使用的道路路面平均照度为 10 lx,路面最小照度为 3 lx。

④ 曲线路段、交叉路口、广场、停车场、桥梁、坡道等特殊地点应比平直路连续照明的亮度高、眩光限制严、诱导性好。

⑤ 村镇道路照明设施的布置方式包含单侧布置、双侧布置、中心对称布置、横向悬索、沿街建筑壁装。

⑥ 村镇内机动车道路照明功率密度值应符合《城市道路照明设计标准》(CJJ 45—2015)的规定,连队功能照明技术指标使用规范中的低值,城市周边村镇可适当增加。景观照明功率密度值应不高于《城市夜景照明设计规范》(JGJ/T 163—2018)的要求。

⑦ 停车场的照度应根据停车场车位数量进行照度分级。

⑧ 停车场入口及收费处照度不应低于 50 lx,并符合表 8-4 的要求。

表 8-4 停车场照明标准值

停车场分类	参考平面	水平照度标准值(lx)	水平照度均匀度
Ⅰ类:>400 辆	地面	30	0.25
Ⅱ类:251~400 辆	地面	20	0.25
Ⅲ类:101~250 辆	地面	10	0.25
Ⅳ类:≤100 辆	地面	5	0.25

⑨ 集贸市场地面的平均照度不应低于 50 lx。

⑩ 公共活动场所地面的平均照度不应低于 5 lx，广场等活动区的台阶、坡道、与水相邻等与行走安全相关的区域地面的平均照度不应低于 30 lx，体育健身设施及周边 0.5 m 内平均照度不应低于 50 lx。

⑪ 功能照明的设置应避免对动植物的生长迁徙、养殖业造成干扰。

（2）景观照明要求

① 村镇景观照明应遵循以人为本、突出重点、兼顾一般、保护生态、传承文化的原则。

② 村镇景观照明应采用合理的照明方式，慎用彩色光、动态光，严格控制范围、亮度和能耗。

③ 城郊服务类乡镇、工贸带动类乡镇可优先建设景观照明，特色保护类乡镇和资源生态类乡镇宜适度建设景观照明，现代农业类乡镇宜限制建设景观照明。

④ 城郊融合类连队不限制建设景观照明，集聚提升类连队可适度建设景观照明，特色保护类连队和保留改善类连队应限制建设景观照明，拆迁撤并类连队不宜建设景观照明。

⑤ 建（构）筑物景观照明要求如下：

a. 建（构）筑物景观照明设施位置布置，应考虑照明与周边环境景观的整体协调。

b. 景观照明设施应结合建筑构件设置，尽量隐蔽照明设施，其外观、颜色宜与建（构）筑物协调一致。

c. 居住用地不宜设置景观照明设施，不得造成光污染，影响居民生活和健康。

d. 建筑的管线敷设及照明设施安装不应损坏其建筑结构。

⑥ 连队文物古迹景观照明要求如下：

a. 应避免在文物古迹上设置照明设备。

b. 设施安装方案应进行充分论证，并经文物主管部门批准后实施。

c. 根据被照物的材质，应选择无紫外线的光源，或加设滤除紫外线的设施。

d. 安装在可燃材料表面的照明设施，应采用符合要求的产品。

⑦ 连队景区景观照明要求如下：

a. 连队景区内的村镇应根据距离核心景区的位置分别进行景观照明控制。

b. 连队景区的村镇景观照明应严格控制。

⑧ 景观照明的环保要求如下：

a. 农田及林地保护区、动物栖息地、迁徙路线区不应安装景观照明设施。

b. 严格控制风景名胜区核心区与历史文化名镇名村核心保护范围的景观照明设施设置。

c. 临近暗夜保护区的村镇（指暗夜保护区周边 1 km 范围的村镇），应禁止对山林水体进行景观照明。

d. 不宜将灯具直接安装在树木上，在树木周边的照明灯具不应影响树木的枝叶和根系生长；严格控制在古树名木上安装照明设施。

e. 应合理选择光源的功率及其光谱和灯具的照射方向，减少昆虫在灯具表面积聚。

3. 照明电气要求

① 村镇照明用电负荷等级应按《供配电系统设计规范》（GB 50052—2009）的要求划分，

人员集会广场应急照明用电负荷应为二级负荷,其余用电负荷应为三级负荷。

② 采用交流供电时,电压等级宜为 0.23/0.4 kV,其供电半径不宜超过 0.5 km,灯具端电压的偏差值不宜高于其额定电压值的 105%,并不宜低于其额定电压值的 90%。

③ 采用直流供电时,电压等级宜为 DC48 V、DC110 V 或 DC220 V,灯具端电压的偏差值不宜高于其额定电压值的 105%,并不宜低于其额定电压值的 80%。

④ 当采用太阳能、风能等分布式能源供电时,电压等级宜为 DC48 V 或 DC110 V。

⑤ 人员能触及的灯具电压等级不宜高于 AC50 V、DC120 V。

⑥ 三相线路各相负荷的分配宜保持平衡,最大相负荷电流不宜超过三相负荷平均值的 115%,最小相负荷电流不宜小于三相负荷平均值的 85%。

⑦ 配电线路应设置短路保护和过负荷保护,并应符合《低压配电设计规范》(GB 50054—2011)的要求。

⑧ 当采用 TT 接地系统时,干线和支线均应采用剩余电流保护器作接地故障保护,上下级剩余电流保护器应具有选择性,各级额定剩余动作电流不宜小于正常运行时线路最大泄漏电流的 2.0～2.5 倍,末端支路额定剩余动作电流应为 30 mA。

⑨ 当采用 TN-S 接地系统时,过电流保护装置不能满足切断故障电路时间的要求时,应采用剩余电流动作保护器作接地故障保护,额定剩余动作电流不宜小于正常运行时线路最大泄漏电流的 2.0～2.5 倍,末端支路额定剩余动作电流应为 30 mA。

⑩ 当采用三相四线配电时,中性线截面不应小于相线截面;照明分支线路宜采用双重绝缘的铜芯导线,照明支路铜芯导线截面不应小于 2.5 mm²。

⑪ 照明分支线路每一单相回路电流不宜超过 32 A。

⑫ 道路照明宜在每个灯杆处设置剩余电流断路器做短路保护和接地故障保护。

⑬ 电气线路宜采用电缆埋地敷设方式,进入村镇内的架空线应采用绝缘导线。

⑭ 采用直流供电时,应设置绝缘监视装置。

⑮ 村镇照明系统应安装独立电能计量表。

4. 防雷和接地安全

① 村镇照明灯具及配电装置的防雷应符合《建筑物防雷设计规范》(GB 50057—2010)和《建筑物电力信息系统防雷技术规范》(GB 50343—2012)的要求,室外安装的照明配电箱应设置电涌保护器。

② 村镇道路照明配电系统接地形式应采用 TT 接地系统,广场、公园等照明配电系统的接地形式宜采用 TT 接地系统。

③ 村镇建筑物或构筑物上的景观照明配电系统接地形式应与该建筑配电系统的接地形式相一致,可采用 TN-S 系统。

④ 当采用 TN-S 接地系统时,宜作等电位联结,并应与建筑物或构筑物共用接地装置;当采用 TT 接地系统时,接地电阻应符合《低压配电设计规范》(GB 50054—2011)中规定的 $I_a \times R_A \leqslant 50$ V 的要求[注:R_A 为外露可导电部分的接地电阻和 PE 线电阻(Ω);I_a 为保证保护电器切断故障回路的动作电流(A)]。

⑤ 安装灯具的金属构架和灯具、配电箱外露可导电部分及金属软管应可靠接地,且有标识。

⑥ 金属导管和线槽应与 PE 线可靠连接，并采用防水、防腐措施。

⑦ 用电设备所有带电部分应采用绝缘、遮拦或外护物保护，距地面 2.5 m 以下的电气设备应借助于钥匙或工具才能开启。村镇公共场所的配电箱应选用防雨型并加锁，防护等级不应低于 IP54，配电箱不宜设在低洼易积水处，箱底距地不宜小于 300 mm。

⑧ 接线盒防护等级应与灯具一致，并应不低于 IP54。

5. 照明设施选择

① 灯具应符合《灯具　第 1 部分：一般要求与试验》(GB 7000.1—2015)的要求，灯具电源应通过 CCC 国家强制性产品认证。

② 在环境景观区域设置的灯具，应在满足照明功能要求前提下与周边环境相协调；宜使照明设施的形状、尺度和颜色与环境相协调。

③ 宜推广清洁能源，在自然条件允许的地方，宜使用风能、太阳能等可再生能源。

④ 应按照照明场所的需求选用配光适宜、控光性能好的高效灯具和节能电源。

⑤ 功能照明用 LED 灯具额定相关色温不宜高于 5000 K。功能照明用 LED 灯具一般显色指数不应小于 60。白光色容差不应大于 7 SDCM。

⑥ LED 灯具连续燃点 3000 h 的光通维持率不应小于 96%，6000 h 的光源光通量维持率不应小于 92%。

⑦ 室外照明设施的防护及等级要求如下：

a. 室外安装的灯具防护等级不应低于 IP55，其中在有遮挡的棚或檐下灯具防护等级不应低于 IP54，桥体安装的灯具防护等级不应低于 IP65，埋地灯具防护等级不应低于 IP67，水下灯具防护等级应为 IP68。

b. 室外照明配电箱、控制箱等的防护等级不应低于 IP44。

c. 景观照明控制模块应满足室外环境运行的温、湿度条件及防护等级要求。

d. 照明设备所有带电部分应采用绝缘、遮拦或外护物保护。

⑧ 各类型区域设施选择要求如下：

a. 高温地区，人员可触及的设备表面温度高于 60 ℃时应采取隔离保护措施，各零部件不能超过部件自身温度限值。

b. 低温地区，灯具能低温启动及各项性能参数正常，满足《LED 灯具可靠性试验方法》(GB/T 33721—2017)中温度循环试验要求。

c. 高湿地区，灯具及其附件应满足绝缘要求。

d. 台风地区，灯具的悬挂和调节装置的强度需要能够满足当地最强风力条件下的强度要求。

e. 水下安装的灯具应符合《灯具　第 2-18 部分：特殊要求游泳池和类似场所用灯具》(GB 7000.218—2018)的要求。

f. 可触及的区域灯具表面温度不应高于 60 ℃。

8.3.4.3　连队绿化标准

1. 乡村绿化功能

乡村绿化主要功能是维护乡村生态安全，改善乡容村貌和人居环境，传承生态文化，同时生产农特产品,增加农民收入。

2.乡村绿化范围

① 村旁绿化:村、屯居民点内部居住地及其周边的绿化,包括维护村屯生态、改善居住环境的片林、护村林带。

② 宅旁绿化:乡村居民住宅房前屋后及庭院的绿化。

③ 路旁绿化:乡村内部街道、通村公路及环村道路等的绿化。

④ 水旁绿化:穿越乡村的溪流、河流两岸和塘堰周边等的绿化。

⑤ 场院绿化:乡(镇)所在地机关、企事业单位、部队、学校、国有林场场部等的内部及周边的绿化。

3.树种选择

① 绿化景观设计应根据当地气候特点,尽量保留原有的植物,使用乡土树种,有针对性地进行植物配置设计,充分发挥植物的多功能性,遵循生物多样性原则,突出景观生态效益,贯彻"季相变化、错落有致、色彩丰富、简洁明快"的设计,美化环境的目的。骨干树枝选用大叶白蜡,设计手法上注重季相、色彩、高矮的搭配,突出植物造景的绿化理念。尽可能进行乔、灌及地被植物相结合的复层立体绿化。

② 在乔木种植配置上采用多层次,从乔木大叶白蜡、灌木金叶榆到地被植物,形成多层次、高低错落的绿化格局。

③ 结合功能分区特色,通过对入口处及活动场地、分区内部园路等绿化空间的设计以及梳理,打造自然、生态、简洁大气、各具特色的植物种植空间。

4.空间结构配置

护村林带应依据村屯地形地势布局,如结合环村路、水渠、河岸等配置。平原区的护村林宜配置为紧密结构的林带。

5.树种配置

① 民俗林宜采用多树种配置,形成与当地天然林树种结构相近的混交片林。

② 为体现村屯特色,可突出主栽树种,形成如桃花村、桂花村等风格鲜明的特色村落。

6.栽植技术

(1)乔木种植说明

① 乔木规格指标

所有乔木均要求是假植苗,假植时间不少于一年,或少量的新根已长至土兜以外。乔木土球直径是胸(地)径的8~10倍。行道树规格统一,分支点一致,规则式种植的乔木,同一树种规格大小应该统一,群植的乔木,应在要求规格的范围内按照高:中:低=3:5:2的比例选购乔木,种植时应各种高度穿插种植,形成高低错落的感觉。

② 定点放线

按照比例在设计图上和现场分别画出距离相等的方格,定点时先在设计图上量好树木对其方格的纵横坐标距离,再按比例定出现场相应方格的位置,钉木桩或撒灰线标明。如此地上就具有了较准确的基线或基点。依此再用简单基准线法进行细部放线,导出乔木种植的位置。

③ 种植

按园林绿化常规方法施工,要求基肥应与碎土充分混匀,成列的乔木应呈一直线,按种植苗木的自然高度依次排列,种植乔木的种植土应敲碎分层捣实,最后起土圈并淋足定根水。

④ 修剪

乔木种植后,因种植前修剪主要是为了运输和减少水分损失等而进行的,种植后应考虑植物造景重新进行修剪造型,有利于将来形成优美冠形,达到理想的绿化景观效果。

⑤ 施工场地清理

种植地表应按预算定额规定在 30 cm 高差以内平整绿化地面至设计放坡要求,同时清除砾石、杂草杂物;平整要顺地形和周围环境,整成龟背形、斜坡形等,一般未特殊设计之地形,坡度可定在 2.5% ~ 3.0% 之间,以利排水。所有靠路边或路牙沿线的绿地地面应低于路边或路牙沿线 5 cm,不宜超过 10 cm,并在地面处理时将地面水引至园内排水管井。

⑥ 对树坑的要求

乔木种植需挖坑 1.5 m × 1.5 m × 1.2 m。树坑应符合设计要求,位置要准确。土层干燥地区应在种植前浸树坑。树坑上下口径一致,挖树坑时如遇到障碍物或者其他物体时,应与设计师取得联系。

⑦ 施肥

施工图中的乔木均需按额定要求的积肥量施放积肥,要求施工种植前必须下足基肥,弥补绿地土壤瘦瘠对植物生长的不良影响,以使绿化尽快见效。乔木每株施 5 kg 油渣、5 kg 磷酸二铵,分两年施。

(2) 花灌木种植说明

① 花灌木规格指标

严格按照花灌木规格购苗,同种苗木的规格应该一致,以使绿化效果能够统一。所有花灌木应该新鲜健康、无病无害,无缺乏矿物质症状,生长旺盛。丛植的花灌木,应在要求规格的范围内按照高:中:低 = 3:5:2 的比例选购,种植时应各种高度穿插种植,形成高低错落的感觉。

② 定点放线

按施工图所标尺寸定点放线,如为不规则造型,应用方格网法及图中比例尺定点放线,图中未标明尺寸的种植,按图比例依实放线定点,要求定点放线准确,符合要求。

③ 种植

按园林绿化常规方法施工,要求基肥应与碎土充分混匀,群植的花灌木应自然种植,高低错落有致,种植花灌木的种植土应敲碎分层捣实,最后起土圈并淋足定根水。

④ 修剪

花灌木种植前修剪主要是为了运输和减少水分损失等而进行的,种植后应考虑植物造景重新进行修剪造型,有利于将来形成优美冠形,达到理想的绿化景观效果。

⑤ 施工场地清理

场地平整清除碎石及杂草杂物。

⑥ 对树坑的要求

种植花灌木及草坪,开挖种植穴,整体换填 0.6 m 厚种植土。

⑦ 施肥

施工图中的各种花灌木均需按额定要求的积肥量施放积肥,要求施工种植前必须下足基肥,弥补绿地土壤瘦瘠对植物生长的不良影响,以使绿化尽快见效。花灌木种植区每平方米施 3 kg 腐熟油渣、1 kg 磷酸二铵,绿地每年每平方米施 0.1 kg 尿素。

7. 宅旁绿化

(1) 树种选择

① 优先选择适合当地生长的经济树种,在迎风面可选择树体高大、树冠庞大、枝叶浓密的防护树种。

② 宜优先选择珍贵树种和长寿树种。

③ 在房前屋后,宜根据当地习俗选择树种。

④ 在距离房屋较近的地段不宜种植生长太快、树冠高大、有板根的树种。

(2) 树种配置

① 宜采取针叶与阔叶结合、常绿与落叶结合、经济树种与景观树种结合、深根树种与浅根树种结合、乔木与灌木结合等进行树种配置。

② 平原区主要害风方向的宅旁林木宜采用紧密结构配置。

③ 可随水和路的走势采用见缝插针式的点状、丛团状、带状或片状配置。

(3) 栽植技术

① 一般规定

应选用植株健壮、顶芽发育饱满、根系完整发达、无病虫害和机械损伤的苗木。

② 苗龄和规格

宜选用两年及以上年龄的苗木,全树栽植。嫁接以经济产品为主的树木,砧木应分枝合理。

③ 栽植

苗木栽植前可换客土,施有机肥作为基肥。栽植时,应扶正苗木,压实覆土,浇足定根水。

④ 抚育管护

苗木栽植后应及时浇水、除草、施追肥,并进行修枝,剪除病虫害枝条、枯枝等。

8. 路旁绿化

(1) 树种选择

① 宜选择树冠庞大、枝叶浓密、树形优美、适应性强、季相特征明显的乡土树种,同一路段的树种,树形和色彩宜保持一致。

② 乡(镇)等居民点内部的道路绿化,可选用树形优美,或易修剪造型、色彩鲜艳的花灌木。

(2) 树种配置

① 乡(镇)等居民点内部的道路绿化,可采用乔、灌树种混交配置。

② 采用列植。每侧种植一行的,株距宜为 4～5 m;每侧种植多行的,株距宜为 4 m,行距宜为2～3 m。

（3）栽植技术

① 一般规定

苗木应生长健壮、主干通直、分枝合理、根系发达、无病虫害和机械损伤,针叶树种苗木应具有完整健壮、充分发育的顶芽。

② 苗龄和规格

宜选用多年生、地径 3 cm 以上经过移植的全冠大苗。

③ 整地

整地宜采用方形或圆形穴状方式。乔木树种的植穴规格,方形穴宜(60 cm×60 cm×50 cm)～(80 cm×80 cm×60 cm),圆形穴宜(50 cm×50 cm)～(80 cm×60 cm);灌木树种的植穴规格,方形穴宜(40 cm×40 cm×40 cm)～(60 cm×60 cm×50 cm),圆形穴宜(40 cm×40 cm)～(60 cm×50 cm)。带土球苗木或容器苗的植穴规格宜根据土球或容器大小确定。

④ 支撑及浇水

苗木栽植后应做好灌水围堰,对树干进行支撑,然后浇水,水量以浸润树坑土壤为度。在整个树木成活期都应及时浇水。

⑤ 松土施肥

每年在树冠范围内松土 1～2 次,可结合松土进行埋青施肥。

⑥ 整形修剪

修剪宜轻,以枝条不影响行人、车辆和架空管线为宜。可不整形。

⑦ 抚育管护

管护宜制订乡规民约,落实管理责任制,委托专人管护或明确由村民分段承包管理。

9. 水旁绿化

（1）树种选择

宜选择耐水湿、固岸(堤)护坡的树种。

（2）种植方式

① 小溪、小河两侧的树木采用列植。

② 池塘旁采用孤植、丛植或片植。

（3）栽植技术

① 一般规定

苗木应生长健壮、树姿优美、根系发达、无病虫害和机械损伤

② 苗龄和规格

宜采用多年生、地径 2 cm 以上的苗木,或高 1.5m 以上的插条。

③ 栽植

宜采用植苗栽植。垂柳、旱柳等容易生根的树种可采用插条或插干栽植,毛竹等竹类可采用地下茎埋条栽植。

④ 抚育管护

垂柳、旱柳、龙爪槐等按伞形树的要求进行整形修剪,桃树、紫薇等配景树种按心形的要求进行整形修剪,主干通直的水松、水杉等针叶树种可不作修剪。

10. 场院绿化

（1）树种选择

① 宜选择适合当地生长、树冠庞大、枝叶浓密、冠层厚、根系发达、寿命长、繁殖和管护容易、病虫害少的树种。优先选择美化、香化和彩化效果好的树种，如各种花木、能散发香味的树种、彩叶树种等。

② 优先选择树冠浓密，遮阴效果好的树种。

③ 树种应尽可能多样化，优先选择适合当地生长、观赏特征突出、文化内涵丰富的树种，不宜选用刺多、有毒、有飞毛飞絮的树种。

④ 卫生院绿化宜选择树冠大、枝叶浓密、能散发芳香气味，具有保健功能的树种。

⑤ 工矿企业绿化宜选择对主要污染物有抵抗、吸收、分解或转运作用的树种。

（2）树种配置

① 采用不同叶色、花色，不同高度，不同季相的植物搭配，以形成色彩对比鲜明、高低错落有致、季相特征突出的绿化景观。

② 乡村中小学校的出入口和教学楼的入口可种植花木以衬托建筑物，教学楼周边可铺设一定面积的草坪作为学生的休息绿地。学校道路两侧可配置高大蔽荫乔木作行道树，在其下种植绿篱、花灌木或布置花带。学校周围可配置环校林带。

（3）栽植技术

① 一般规定

宜采用生长健壮、根系发达、无病虫害和机械损伤的苗木，针叶树苗木应有完整健壮、充分发育的顶芽。

② 苗龄和规格

宜选用高度 1.5 m 以上，或年龄 3 年生以上的全冠大苗。

③ 整地

在整地前应平整土地、清除杂物。栽植乔木、单株或丛状灌木的，宜采用方形穴或圆形穴状整地，栽植块状灌木宜采用全面整地，栽植绿篱宜采用抽槽整地，整地规格应根据苗木大小、土球规格等确定。方形穴状整地规格，乔木树种宜(50 cm×50 cm×40 cm)～(80 cm×80 cm×60 cm)，灌木树种宜(40 cm×40 cm×40 cm)～(50 cm×50 cm×50 cm)；圆形穴状整地规格，乔木树种宜(50 cm×40 cm)～(80 cm×60 cm)，灌木树种宜(40 cm×40 cm)～(50 cm×50 cm)。

④ 栽植

采用植苗栽植，栽后应浇足定根水。对土壤贫瘠或原生土壤已遭破坏，只留下建筑渣土的地块，采用客土置换，并施基肥。地径 3 cm 以上的苗木，栽植栽后宜设支撑，将苗木固定。

⑤ 抚育管护

根据树木的生长发育规律、环境条件和既定的观赏要求塑造一定的树形。观花木应及时剪除不能开花的枝条并实行 1～2 次摘心，促进副枝发生，以利着生花芽。

应坚持谁受益谁负责的原则，明确由绿地所在单位负责管理。

⑥ 作业设计

乡村绿化应进行作业设计，作业设计按照《造林作业设计规程》(LY/T 1607—2003)的规定执行。享受国家造林补助的乡村绿化,应由具有设计资质的机构或单位进行作业设计,不享受国家造林补助的乡村绿化可结合实际简化作业设计内容。

⑦ 档案管理

乡村绿化后,应按照森林资源档案管理的要求,及时建立档案。档案主要内容应包括绿化地点、树种、苗木规格、株数、栽植措施、绿化用工、投资及来源等。

8.3.4.4 连队公共空间标准

1. 硬件配置

(1) 基层管理设施、医疗设施

基层管理设施需配置连队组织活动阵地,设置办公室、警务室、值班室等。

医疗设施距离团场医院较近,满足 15 min 基本医疗卫生服务圈的连队,按照《"健康兵团 2030"规划纲要》的要求,可根据实际需求选择配置卫生室。距离团场医院较远的连队,按照《村卫生室管理办法(试行)》(国卫基层发〔2014〕33 号)的要求,参照《关于印发 2020 年兵团连队卫生室标准化建设实施方案的通知》(兵卫发〔2020〕40 号)有关规定,配置面积 80 m² 左右的卫生室,并根据疫情防控要求,设置独立出入口。

连队办公室、警务室、卫生室及其他连队设施宜集中建设。

(2) 文体科技设施

文体科技设施需配置多功能活动室、健身广场。

多功能活动室按照《全民健身活动中心分类配置要求》(GB/T 34281—2017),参照兵团党委关于加强维稳重点连队(社区)基层基础建设和切实提升维稳戍边能力有关要求,结合连队人口规模,确定 700~2000 人连队多功能活动室面积应为 700 m² 左右,布局要充分考虑功能兼容性(舞台、健身设施等均采取可移动形式),为职工群众提供室内健身、培训、交流空间,新建多功能活动中心可与新时代文明实践站、图书室、党团活动室、乡村复兴少年宫、耳房、库房、管理用房、水冲式公共厕所等功能用房合建。

健身广场规模按照《国务院关于印发全民健身计划(2016—2020 年)的通知》(国发〔2016〕37 号)要求,参照《关于印发新疆生产建设兵团全民健身实施计划(2016—2020 年)的通知》(新兵发〔2016〕56 号)有关规定,人均用地面积 2 m² 左右。

(3) 教育设施

教育设施可配置 3 岁以下婴幼儿照护服务设施、幼儿园、小学。3 岁以下婴幼儿照护服务设施参照《国务院办公厅关于促进 3 岁以下婴幼儿照护服务发展的指导意见》(国办发〔2019〕15 号)按需配置,相邻连队可共享。

幼儿园参照《幼儿园建设标准》(建标 175—2016)按需配置,相邻连队可共享。

小学参照《连队普通中小学建设标准》(建标 109—2008)按需配置,相邻连队可共享。

商业服务设施需配置便民店,应体现便利性,并根据连队发展需要预留充足空间。将生活性商业设施(超市、理发店、粮油、小吃餐饮、快递揽收等)集中布置在居住区内部,方便职工生活;将生产性商业设施(农资销售、农机维修等)集中布置在交通便利区位,方便职工生产。

2. 软件配置

（1）村规民约

① 制定村（居）民自治章程、计划生育自治章程、安全文明公约、社会治安管理办法等。

② 村（社区）设立团支部（团小组）、妇联、社区工作委员会等组织机构，有条件的可建立工会组织，成立物业管理协会、老年协会等群众组织。

③ 村委会（社区管委会）有健全的内部管理制度，包括工作人员岗位责任制、财务（政务）公开制度等。

（2）道路交通标准

对外交通道路落实规划确定的区域性道路、公共交通和各项交通设施建设。居住区内道路主要道路宽度不小于 6.5 m，次要道路宽度不小于 4.5 m。

8.3.4.5 连队保洁标准

（1）农户实行"门前三包"责任制，房前屋后要清扫干净，无乱堆乱放，无吊挂杂物，无油腻污迹，无污水横流；房屋外立面干净整洁，无乱贴乱画，乱张贴文字广告，保持窗明亮净。

（2）村落社区清扫，保洁质量达到规定要求，保证村内道路整洁。无污水横流，路旁及空地整洁，做到室内外环境整洁，无卫生死角，垃圾日产日清，垃圾做到定点堆放，定时清运，专人负责，集中处理，逐步推行生活垃圾袋装化和分类收集，保持房屋和道路两侧排水沟排水畅通，排水沟内无垃圾，主干排水沟内的垃圾由保洁人员负责清理，确保河道清洁畅通。

（3）已经进行过新连队建设的村落社区水冲式厕所普及率达到100％，并保持良好的使用管理状态，做到厕所整洁卫生，连队自来水普及率达到100％。

（4）农户房屋的遮阳篷、门头牌匾、标志牌应干净整洁，无污迹、无灰尘。

（5）农户在修建施工时用过的砂石、砖瓦、废土等要及时自行清除，保证道路畅通、整洁。

（6）农民的柴垛、粪堆、秸秆等物品要定点存放，杜绝乱堆乱放现象。

（7）农户不违规饲养牲畜和放养家禽，家禽家畜尽可能圈养而不散养，保证主干道无禽畜粪便。

（8）积极参加群众性爱国卫生运动，加强灭鼠、灭蝇除"四害"工作。确保室内鼠密度控制在 1％以下，室外鼠密度控制在 2％以下。

（9）积极参加县、乡、村组织的各种卫生保洁活动，积极参与爱国卫生大清洁行动和"卫生先进户"评比活动，形成人人"爱卫生、爱家园"的良好氛围，树立社会主义连队新风尚。

8.3.5 长效管护机制

1. 指导思想

全面贯彻落实乡村振兴战略，以建设美丽宜居连队为导向，围绕"过上好日子、住上好房子、养成好习惯、形成好风气"四个目标，加大连队人居环境整治工作力度，形成机制健全、保障到位、工作落实、规范运行、长效治理的环境管护格局，提高连队人居环境综合治理水平，全面提升连队综合环境质量，大力改善连队生产生活条件，加快实现城乡协调发展。

2. 基本原则

（1）政府推动

充分发挥政府在发展引领、法治引导、制度落实和监督检查等方面的统筹主导地位,确保连队人居环境治理科学、规范、长效推进。

（2）部门协作

切实发挥镇级相关部门职能,加强对连队环境治理特别是项目设施管理、维护工作的指导、督促,协助各村（社区）推进综合整治项目发挥积极作用。

（3）群众主体

坚持农民自愿,体现农民主体作用和主动性,充分发挥乡镇、村两级在组织实施和监督落实方面的关键作用,依靠群众,发挥群众智慧和力量维护美丽家园。

（4）分级管理

加强镇、村两级组织领导,镇级负责长效管护业务指导,村级对长效管护工作负总责,负责具体管护。

（5）社会参与

有效结合连队发展任务,积极宣传和吸引社会各界以不同方式参与连队人居环境治理工作,形成互帮互助、共促共赢的良好氛围。

（6）科学运作

探索实施连队公共服务和基础设施投资、建设、管护的市场化、公司化操作,提高环境治理工作的运行效率。

3. 发动群众参与

通过多种有效宣传形式,大力宣传连队人居环境整治行动的总体要求、主要任务、保障措施和实施步骤,统一干部群众的思想认识,把群众认同、群众参与、群众满意作为基本要求,让广大农民群众和全社会共同参与,形成全社会关心、支持连队人居环境提升行动的良好氛围。各村要通过制定村民公约,建立全民参与连队人居环境提升保障机制。

4. 组建管护队伍

根据连队实际,分别落实设施维护、河道管理、绿化养护、垃圾收运、公厕保洁等公益岗位。对道路桥梁、污水处理设施、供水设施等有技术要求的管护项目,应选择专业人员进行管护;对一般管护项目,可根据连队经济状况,选择市场化运作或采取专职或兼职相结合的方式组建管护队伍。连队规划编制和报批实现全覆盖,开发手机 APP 监督平台,随时接受群众举报秸秆焚烧、乱扔垃圾等破坏乡村环境的线索。

5. 落实经费来源

各级政府应加大人居环境整治提升的财政投入,保障运转经费。动员组织各行各业、社会各界为连队人居环境整治提升提供支持和服务,形成全社会支持、关爱、服务连队人居环境整治提升的浓厚氛围。

6. 建立长效机制

党委政府、有关部门和运维单位要制定明确的制度和措施,基本建立有制度、有标准、有队伍、有经费、有督查的连队人居环境长效管护机制。鼓励专业化、市场化建设和运行管护。推行连队厕所改造建设、生活垃圾污水治理和连队风貌提升,实现"统一规划、统一采购、统一建设、统一管理"四个统一。建立并实施环境治理依效付费制度,健全服务绩效评价考核机制。完善垃圾处理收费制度、鼓励有条件的地区探索建立污水处理农户付费制度,完善财政补贴和农户付费合理分担机制。组织开展专业化培训,把当地村民培养成为村内公益性基础设施运行维护的重要力量。简化连队人居环境整治建设项目审批和招投标程序,提倡村民参与投工投劳,降低建设成本。团场连队建立健全工程质量和安全责任制,确保工程质量。

7. 保障措施

(1) 强化组织保障

坚持党委领导、政府负责、群众参与,健全镇级统筹指挥推动落实、村级引导群众参与互动的工作机制,强化镇、村两级组织领导。镇政府针对环境管护、项目运行、宣传引导等治理要求成立专项工作组,村委会充分依靠群众采取不同形式组建村级环境管护队伍。切实发挥连队基层党组织领导核心作用,充分发挥村民委员会、村民监督委员会职能,重视发挥农业专合社、农民合作社、村民自治委等组织的作用,增强连队环境治理管护的组织能力。通过不同形式,有效运用各种平台,加大宣传发动力度,以正反典型引导持续加强舆论造势,不断提高群众知晓率、支持率、参与率和满意率,积极营造文明良好的乡风氛围。

(2) 强化投入保障

按照"谁受益、谁出资"原则建立运行管护经费投入机制(即财政补助一点、村集体承担一点、农户交纳一点),积极探索连队公共环境设施维护和环卫保洁与农户缴纳保洁费、产业项目运行等投入经费保障的"连队物业管理"模式。鼓励产业带动市场化运作参与管护。鼓励按照政府关于采购政策要求进行垃圾污水处理设施设备、厕所改造等设施用具采购,有效降低成本,减轻资金压力和农民负担。

(3) 强化制度保障

以加快连队现代治理体系建设为目标,充分依托村规民约,以村为单位建立规范的环境基础设施建设和管护机制,明确参与各方的责任与义务,切实做到环境治理有人抓、环境维护有人管。完善镇、村两级协同的连队环境配套建设项目立项、工程发包、施工组织、竣工验收和移交制度,规范和加强村集体组织及其群众对环境管护的监督管理。按照谁投入谁负责的原则,保障工程质量和项目运行效果。

9 兵团团场连队人居环境整治差异化发展与示范连队筛选评价实证研究

9.1 兵团团场连队人居环境整治示范连队筛选评估

9.1.1 评估指标体系的构建

示范连队在人居环境整治建设过程中要注重原有资源禀赋水平、产业集群特征、基础设施建设程度等，要以优先保障居民基本生产生活水平为主再进行治理。作为研究差异化竞争力的经典模型，GSC 模型在兵团团场连队人居环境整治示范筛选研究过程中具有一定典型意义，可以为指标项筛选与评价体系建构提供框架参考。本书结合旅游特色型、美丽宜居型、提升改善型、基本整洁型示范连队的功能定位、政策标准、建设现状与发展需求，以 GSC 模型三因素为体系基础，在对已有模型进行改进调整的基础上，提出兵团团场特点与连队建设要求相适应的评价体系模型。根据已有研究成果，将示范连队筛选评估指标分为"内在基础力（Groundings）""外在支持力（Supports）""核心吸引力（Cores）"3 个基本要素类型，进一步细分为 12 个分指标类型，即资源禀赋、生态环境、区位特征、人口构成、产业集群、交通可达性、社会服务、政府支持、住房条件、基础设施、村容村貌、特色文化。12 个分指标类型要素相互影响、相互合作、相互联系，组合成一个能够衡量示范连队差异化竞争力水平的有机整体。

人居环境整治示范连队筛选 GSC 模型如图 9-1 所示。

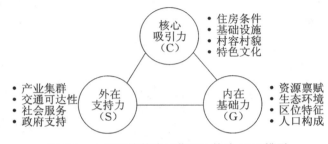

图 9-1　人居环境整治示范连队筛选 GSC 模型

由 GSC 模型可知，住房条件、基础设施、村容村貌和特色文化共同构成示范连队的核心吸引力，是人居环境建设的关键要素；资源禀赋、生态环境、区位特征、人口构成是连队能否顺利生产生活的基础条件,共同构成示范连队的内在基础力;产业集群、交通可达性、社会服务、政府支持共同构成示范连队的外在支持力,引导资源投入和政策管理方向。本书对示范连队的评估指标进行初步构建,一共设置了 3 个一级指标,12 个二级指标,45 个三级指标,具体指标体系构建如下:

1. 内在基础力(A1)

资源与环境是示范连队产业发展的基础条件,良好的内在基础力是连队内产业特征和空间功能发挥的重要依托。

(1)资源禀赋(B1)

丰富的旅游资源品类和广泛的旅游资源是连队获取关注的重要原因,农业生产资源是农业产业形成的核心,其可持续发展能力是示范连队生产活动开展、农产品品牌创建、农业转型升级的必要条件。文化资源与农业生产资源、旅游资源的有机结合有助于进一步丰富连队产业产品层次。本书选择"旅游资源知名度(C1)""文化资源丰富度(C2)""农业生产资源可持续发展能力(C3)"对示范连队的资源禀赋水平进行衡量。

(2)生态环境(B2)

生态优美是示范连队的基本建设要求。良好的生态环境条件成为农业生产力和旅游吸引力发展的重要前提和关键要素。本书选择"空气环境质量(C4)""居住区绿化覆盖率(C5)"对示范连队的总体生态环境状况进行衡量。

(3)区位特征(B3)

连队的区位特征决定了居民的空间活动范围和效果,从而加强了连队与自然环境和社会经济环境的联系。本书选择"距离团部的距离(C6)""距离师部的距离(C7)"对示范连队的区位特征优势进行衡量。

(4)人口构成(B4)

人力资本在知识经济时代区域产业发展中不可或缺。示范连队内从业人口的数量和从业人口的收入待遇能在一定程度上反映连队人口构成的价值,本书选择"人口密度(C8)""劳动年龄人口比例(C9)""少数民族人口比例(C10)""平均受教育程度(C11)""家庭常住人口数(C12)""家庭年收入水平(C13)"对示范连队的人口构成进行衡量。

2. 外在支持力(A2)

立足于连队发展实际与资源禀赋水平,因地制宜发展特色鲜明的产业形态是示范连队具备持续竞争力的关键因素;完善的交通设施为连队内部与外部的经济、文化、人口的流通提供了便利;较高的社会服务水平促进了连队和谐文明的环境氛围;政府支持是连队优势得以发挥的坚强后盾。良好的外在支持力构成了连队生产力与生产潜能的基石。

(1)产业集群(B5)

同一类型产业在特定的地理空间范围内高度集中有助于形成集聚效应,进一步增强地域内产业的竞争力和影响力。能否将农业、旅游业相融合是示范连队长久发展的关键,而主导产业能否获得一定比例的市场占有率,是其最终能否发挥产业功能、创造产业价值的条件。本书选择"优势产业集中度(C14)""农旅产业融合度(C15)""代表性农产品市场知名度(C16)"对示范连队的产业集群特征进行衡量。

（2）交通可达性（B6）

交通设施是实现生产要素集散的载体与渠道，不仅保证了小镇的可进入性，也方便了人流、车流的顺利进出和货物商品的运输。本书选择"连队可进入性（C17）""公共交通便利性（C18）""人行道路完整性（C19）"对示范连队的交通可达性进行衡量。

（3）社会服务（B7）

社会服务作为人居软环境的一部分，对引导连队居民主动参与社会治理，带动连队居民自觉养成文明卫生习惯和健康生活方式，倡导居民自己动手净化绿化美化家庭和公共空间具有重要作用。本书选择"医疗保健设施数量（C20）""商业服务设施数量（C21）""教育机构数量（C22）""养老设施数量（C23）""行政管理设施数量（C24）"对示范连队的社会服务水平进行衡量。

（4）政府支持（B8）

政府作为参与者、管理者和支持者，参与连队在经济、社会、文化等方面的规划、协调、扶持、管理和监督工作。政府支持水平的高低会对示范连队的健康发展构成影响。本书选择"人居环境整治建设阶段（C25）""建设资金投入度（C26）"对示范连队政府支持力度进行衡量。

3. 核心吸引力（A3）

住房条件在很大程度上是连队居民是否愿意长期居住的重要因素；基础设施是示范连队得以生存和发展的先决条件，是实现经济发展、产业转型、品牌创建的基本要求；村容村貌是连队核心吸引力的重要组成部分；特色文化是促进连队发展的软实力。良好的核心吸引力是决定连队差异化发展方向的根本动力。

（1）住房条件（B9）

改善连队居民的住房条件是重要的民生问题。新建的保障性安居工程对促进连队和谐稳定发展具有重要意义，能够改善居民生活环境和消费习惯，发挥对相关产业的带动效应。本书选择"户厕改造进程（C27）""新建住宅形式（C28）""房屋建筑面积（C29）"对示范连队住房条件进行衡量。

（2）基础设施（B10）

连队人居环境综合整治，重点要治理农村垃圾和污水，推进连队基础设施建设，解决连队居民用水、用电问题，不仅能保障连队居民的基本生产生活条件，还能对连队人居环境的改善具有直接成效。本书选择"水利设施完善程度（C30）""电力设施完善程度（C31）""供热设施完善程度（C32）""垃圾收运设施覆盖率（C33）""污水处理设施覆盖率（C34）""公共厕所覆盖率（C35）""路灯照明设施覆盖率（C36）"对示范连队的基础设施建设程度进行衡量。

（3）村容村貌（B11）

连队规划管理和保持村庄整体风貌与自然环境相协调是人居环境整治建设过程中十分重要的一个环节。通过庭院绿化美化、保护和修复沟渠等措施，用连队村容村貌的改善整体带动提升连队人居环境质量。本书选择"庭院绿化美化进程（C37）""外立面改造进程（C38）""植被景观质量（C39）""公共空间吸引力（C40）""休闲娱乐设施数量（C41）"对示范连队的村容村貌质量进行衡量。

（4）特色文化（B12）

特色文化是示范连队核心吸引力的关键构成部分之一,不仅利于连队价值的创造,也是连队存续和发展的精神动力。本书选择"历史文化保护力度（C42）""连队地方文化元素集中度（C43）""军垦文化和代表性人物关注度（C44）""特色文化传播途径多样性（C45）"对示范连队的特色文化进行衡量。

综上所述,人居环境整治示范连队筛选评估指标体系如表 9-1 所示。

表 9-1　人居环境整治示范连队筛选评估指标体系

一级指标（A）	二级指标（B）	三级指标（C）
内在基础力（A1）	资源禀赋（B1）	旅游资源知名度（C1）
		文化资源丰富度（C2）
		农业生产资源可持续发展能力（C3）
	生态环境（B2）	空气环境质量（C4）
		居住区绿化覆盖率（C5）
	区位特征（B3）	距离团部的距离（C6）
		距离师部的距离（C7）
	人口构成（B4）	人口密度（C8）
		劳动年龄人口比例（C9）
		少数民族人口比例（C10）
		平均受教育程度（C11）
		家庭常住人口数（C12）
		家庭年收入水平（C13）
外在支持力（A2）	产业集群（B5）	优势产业集中度（C14）
		农旅产业融合度（C15）
		代表性农产品市场知名度（C16）
	交通可达性（B6）	连队可进入性（C17）
		公共交通便利性（C18）
		人行道路完整性（C19）
	社会服务（B7）	医疗保健设施数量（C20）
		商业服务设施数量（C21）
		教育机构数量（C22）
		养老设施数量（C23）
		行政管理设施数量（C24）
	政府支持（B8）	人居环境整治建设阶段（C25）
		建设资金投入度（C26）

续表9-1

一级指标（A）	二级指标（B）	三级指标（C）
核心吸引力（A3）	住房条件（B9）	户厕改造进程（C27）
		新建住宅形式（C28）
		房屋建筑面积（C29）
	基础设施（B10）	水利设施完善程度（C30）
		电力设施完善程度（C31）
		供热设施完善程度（C32）
		垃圾收运设施覆盖率（C33）
		污水处理设施覆盖率（C34）
		公共厕所覆盖率（C35）
		路灯照明设施覆盖率（C36）
	村容村貌（B11）	庭院绿化美化进程（C37）
		外立面改造进程（C38）
		植被景观质量（C39）
		公共空间吸引力（C40）
		休闲娱乐设施数量（C41）
	特色文化（B12）	历史文化保护力度（C42）
		连队地方文化元素集中度（C43）
		军垦文化和代表性人物关注度（C44）
		特色文化传播途径多样性（C45）

9.1.2　评价结果分析

第二师三十三团十九连在环境、资源、设施、资本、产业、政策服务以及文化发展方面的"核心吸引力"水平最高，"外在支持力"与"内在基础力"评分相似且都处于较高水平，说明连队整体发展态势良好，具有较强的竞争优势与吸引力，能够在推动区域综合发展方面发挥积极作用，但连队初级阶段的现实条件决定其在各方面仍具有较大的发展和提升空间，可作为旅游特色型连队进行有针对性的设计与开发。

第四师七十八团三连"核心吸引力"的发展水平仅次于"内在基础力"，连队的产业经济发展融合水平、发展现状与发展空间状况均较好，现阶段的"外在支持力"总体情况良好，政府支持（B8）与特色文化（B12）拥有相似的评分值，但连队的核心吸引力评分说明该连队在设施资源利用和特色文化的发展方面应该进行有针对性的设计与开发。

第九师一六六团三连在建设发展过程中能够积极发挥市场与政府两者的作用，村容村貌得到了改善与加强;"内在基础力"与"核心吸引力"的评分说明连队在基础设施建设方面,尤其在信息通信、公共设施以及道路交通方面仍需提升,可作为提升改善型连队在优先保障连队居民基本生产生活的基础上进行有针对性的设计与开发。

根据连队整体发展情况对第一师十一团七连进行评估,其属于基本整洁型模式。连队内部道路规划整齐,功能分区明确,连队建设初见成效,但社会服务(B7)与基础设施(B10)的评分说明连队在电力设施、排水设施、垃圾收运设施方面的建设仍有待完善,可作为基本整洁型连队进行有针对性的设计与开发。

9.2　兵团团场连队人居环境整治案例实证研究

9.2.1　旅游特色型——第二师三十三团十九连

1. 发挥资源禀赋优势

资源禀赋是示范连队的立足之本,借助旅游资源禀赋的差异性特点,能推动示范连队的差异化发展进程。葫芦岛景区位于第二师三十三团境内,深秋时节,这里沙丘连绵起伏,湖水湛然清澈,湖畔边、湖水中、沙包上的胡杨在秋阳的照耀下镶上耀眼的金边,景色迷人,美不胜收。

以"金秋胡杨季·相约葫芦岛"为主题的胡杨文化摄影艺术节在第二师三十三团已举办了五届。开展了丰富的旅游活动,如:拍摄、欣赏胡杨,观看歌舞表演,特色农副产品展,红枣采摘,百人热恋·幸福抓拍,民族团结一家亲。十九连依托葫芦岛景区,利用葫芦岛已有的名气,构建十九连特色接待处。

十九连资源禀赋优势如图 9-2 所示。

图 9-2　十九连资源禀赋优势

2. 评估人文地理发展价值

（1）自然区位

三十三团位于新疆天山南麓，地处塔克拉玛干沙漠和库姆塔格沙漠之间，北倚孔雀河，南濒塔里木河，地处巴音郭楞蒙古自治州首府库尔勒市东南，毗邻尉犁县，距离库尔勒市约160 km，是第二师"一主、两翼、四驱"中四驱之一的中心团场。三十三团十九连距离葫芦岛仅3.5 km。

（2）交通区位

三十三团位于塔里木垦区的中心枢纽地段，库若高速公路、格库铁路和218国道横贯东西，库若高速公路在三十三团境内设置了两处高速公路出入口，格库铁路在三十三团南部建设有客货火车站场，以及正在建设的通用A类机场，将进一步提升三十三团的交通条件，交通区位优势更加突出。

（3）历史文化

汉朝初期，三十三团所处的尉犁县境内就被誉为西域绿洲城廊之一。西汉时此地为渠犁国，为汉兵屯田重地，设使者校尉领护屯田。唐贞观二十二年设焉耆都督府，渠犁地属唐。清光绪二十五年，在渠犁、山国旧地及卡克里克设新平县。1914年，新平县更名尉犁县。各族人民发挥聪明才智，共同创造了这片神奇而美丽的绿洲文化。

（4）社会经济

三十三团坚持以经济建设为中心，以结构调整为主线，以供给侧结构性改革为动力，以高质量发展为引领，团场经济发展趋稳向好。2018年，完成生产总值10.35亿元；实现利润1052万元；完成全社会固定资产投资6.15亿元；城镇居民人均可支配收入3.3万元；连队常住居民人均可支配收入3.03万元，与团场发展同步。第二、三产业增加值占生产总值比重39.4%。全团棉花种植面积14.56万亩，实现皮棉总产2.35万t；果园面积5.7万亩，总产量8.45万t；畜牧业年末大牲畜3.8万头（只），马鹿存栏3000余头。全团规模以上企业11家，个体工商户415家。

3. 明确产业集群特征

十九连受尉犁县管辖，毗连蛭石矿生活区、二连、六连，社会和谐稳定，物产丰富，山清水秀，人勤物丰。村内企业主要为沙发厂、机砖厂、金属制品厂、织布厂。主要农产品为梨子、西洋菜、葱、薤菜、羽衣甘蓝、栗子、豌豆苗。村内资源有符山石、方硼石。

4. 连队现状问题诊断

三十三团十九连布局整齐划一，为军垦化布局奠定了基础。与此同时，连队每家每户都种植果树可以进行采摘，为特色农家乐做好了充足的准备。但是，连队民居外立面老旧，景观风貌不具有军垦特色。整体的旅游规划没有统一的风格，缺少标志性（如标志性民居、地标等）。接待游客的基础设施不完善。

（1）优势

第二师三十三团十九连距葫芦岛3.5 km，促使其成为葫芦岛重要的交通枢纽，并且已形成胡杨文化艺术节的知名品牌；连队内资源丰富，植被覆盖率较高，每家每户都种植果树；保留了完整的知青点住房，为打造军垦风格奠定了良好的基础。

（2）劣势

第二师三十三团十九连旅游接待设施不完善,民宿、农家乐没有形成体系;连队房屋的外立面老旧,没有统一的风格,缺少标志性;只有车行道是沥青路面,其余路面都是裸露土地,道路基础建设滞后。

第二师三十三团十九连连队现状如图 9-3 所示。

图 9-3　第二师三十三团十九连连队现状

5. 找准特色发展定位

（1）主题定位

三十三团连队较多,面积广阔,资源特色突出,是库尔勒香梨、塔河马鹿、红枣和优质棉生产的重点区域,要以乡村振兴为方向,以乡村旅游为重要抓手,推进三十三团快速发展。以促进兵地融合,共建葫芦岛景区,紧抓葫芦岛景区与三十三团十九连的区位优势,完善基础设施,打造以胡杨林观光、军垦体验为核心的葫芦岛景区重要接待枢纽,打造第二师军垦旅游的模范示范村,延长旅游周期,打造周边乡村旅游和休闲度假的营地。以下为四个旅游资源建设方向:

一是构建葫芦岛特色接待处,利用区位优势,为葫芦岛景区游客提供住宿、吃饭、休闲活动等;

二是乡村立题,将乡村农家乐作为旅游主体方向,打造新农村田园生活;

三是军垦之魂,发展军垦文化资源优势和特色,统一连队整体风格,创造唯一性;

四是生态立景,以原始生态、休闲自然的景观风貌为出发点,吸引更多的游客。

（2）风格定位

以军垦风格为主,让游客体验军垦文化,感受军垦氛围,缅怀老一辈顽强拼搏、艰苦奋斗的牺牲小我成就大我的精神。

（3）功能定位

功能定位集中于"宿""食""赏"三个方面。"宿"是指以特色农家乐民宿、知青文化教育点、地窝子酒店为主；"食"是指以特色农家乐、公社大食堂为主；"赏"是指以公益林、胡杨林、枣林、梨林、葫芦岛等自然风光为主。

（4）市场定位

市场客源为葫芦岛景区游客，主要客源市场为第二师三十三团及周边居民，客源类别以住宿、农家乐餐饮、军垦体验、水果采摘为主，出游时间主要集中在秋季9—10月。

第二师三十三团十九连旅游规划总平面图如图9-4所示。

① 民宿1	⑤ 民宿5	⑨ 停车场	⑬ 知青文化教育点
② 民宿2	⑥ 健身广场	⑩ 游乐小公园	
③ 民宿3	⑦ 活动中心	⑪ 休闲小游园	
④ 民宿4	⑧ 连队办公室	⑫ 房车营地	

图9-4 第二师三十三团十九连旅游规划总平面图

6. 提升村容村貌质量

目前，十九连连队民居外墙为清水墙，无饰面，且无窗套、抹墙不均匀。建议从以下三个方面进行改造优化：一是外墙刷乳胶漆，色彩搭配突出军垦建筑风格；二是增加军垦元素图案式样；三是增加窗套、踢脚线等饰样美化外立面。

第二师三十三团十九连村容村貌如图9-5所示。

图9-5　第二师三十三团十九连村容村貌

与此同时，在十九连连队入口处设置军垦风格的标志性门头，统一连队的整体风格，增加辨识性。还在连队办公室门口设计了人行道，两旁绿化带补种了金叶榆球和花带。

连队入口大门效果如图9-6所示。连队街巷规划效果如图9-7所示。

图9-6　连队入口大门效果　　　　　　图9-7　连队街巷规划效果

7. 优化标识系统

标识是连队的形象，是连队文化和特征的综合与浓缩，可采用木质和砖饰材料的指示牌，营造乡村、军垦的风格氛围，对游客起到指引作用。

第二师三十三团十九连连队标识系统意向图如图9-8所示。

8. 增加休闲娱乐设施

在十九连连队办公室南面增加游乐小公园。中间设计了圆形平台，十九连职工可以在场地中跳舞。设计了供职工休息的场地，配置石笼坐凳。还设计了供孩子玩乐的区域，采用塑胶地面，防止孩童摔伤。

第二师三十三团十九连游乐小公园总平面图如图9-9所示。

图 9-8　第二师三十三团十九连连队标识系统意向图

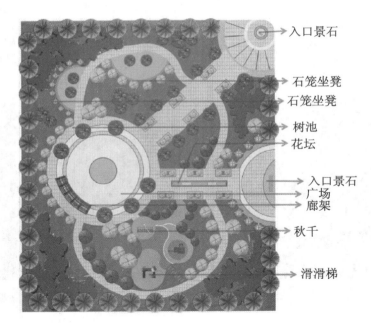

图 9-9　第二师三十三团十九连游乐小公园总平面图

在十九连连队增加休闲小公园,主要为十九连职工提供休闲场所。入口处设计了镂空景墙。放置了健身器材和茅草亭,供职工们健身和休息。

第二师三十三团十九连休闲小公园总平面图如图 9-10 所示。

9.打造特色民宿

只有把乡土风貌、特色文化与现代旅游需求有机结合起来,才能使乡村民宿更有人情味,让游客旅行更有记忆点。民宿围墙采用红砖和竹栅栏搭配,采用茅草顶更加体现民宿的生态性;外墙采用红砖,保留了现有农家彩钢板大棚。门上红色五角星展现军垦文化。

民宿规划方案平面图如图 9-11 所示。民宿房屋效果图如图 9-12 所示。蔬菜采摘区效

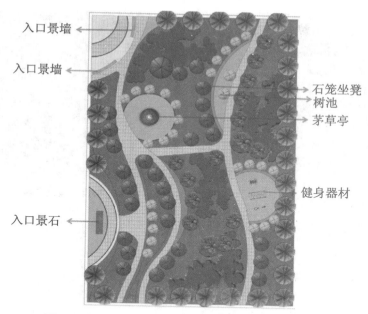

入口景墙

入口景墙

石笼坐凳
树池
茅草亭

健身器材

入口景石

图 9-10　第二师三十三团十九连休闲小公园总平面图

果图如图 9-13 所示。家禽养殖区效果图如图 9-14 所示。

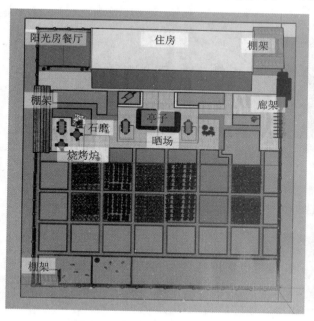

阳光房餐厅　住房　棚架

棚架　　　　　　　　　　廊架

石磨　亭子

烧烤炉　晒场

棚架

图 9-11　民宿规划方案平面图　　　　　　**图 9-12　民宿房屋效果图**

图 9-13　蔬菜采摘区效果图　　　　　　　　图 9-14　家禽养殖区效果图

10. 旅游活动策划

旅游活动策划如下：

项目一：钓鱼（地点：地窝子酒店池塘）；

项目二：厨艺大赛（地点：农家乐、知青点、房车营地）；

项目三：知青下乡情景剧（地点：知青点）；

项目四：水果采摘（地点：特色农家乐）；

项目五：特色驴车、牛车体验（地点：地窝子酒店）。

旅游活动意向图如图 9-15 所示。

图 9-15　旅游活动意向图

9.2.2　美丽宜居型——第四师七十八团三连

1. 立足资源禀赋优势

第四师七十八团位于特克斯县境内。北以特克斯河为界，与国家历史文化名城特克斯县八卦城隔河相望；东以阔克苏河为界，与特克斯县阔克苏乡、军马场相邻；南与南疆拜城接壤；西同特克斯县乔拉克铁热克镇毗邻。团部驻地阿热勒镇，距县城 5.2 km。

2. 评估人文地理发展价值

特克斯县，新疆维吾尔自治区伊犁哈萨克自治州下辖县，地处伊犁河上游的特克斯河谷地东段。县城距伊宁市 116 km。全县地势南北高，东西低，南部是南路天山，北部是中路天山，中间是特克斯河谷平地，自西向东倾斜。特克斯河自西向东横贯全境。矿产资源丰富。

全县总面积 8352 km²，县境驻有新疆军区马场、第四师七十八团和天西局特克斯林场。特克斯县城是中国唯一建筑有完整而又正规的八卦城的县，2008 年经国务院批准为第四批历史文化名城。

3. 摸清基础设施建设进程

（1）公共服务设施现状

第四师七十八团三连整体规划结构明确，北区 8 个巷道，7 排住房；南区 2 个巷道，3 排住房。基础设施较为完备：南区幼儿园一座，北区党支部阵地一个，广场一个，篮球场地一个。公共厕所分别位于居住区北侧和幼儿园东侧，均为旱厕。自来水及生活用电已入户，暂无排水排污管网。

第四师七十八团三连公共服务设施分布如图 9-16 所示。公共服务设施现状如图 9-17 所示。

图 9-16　第四师七十八团三连公共服务设施分布

图 9-17　第四师七十八团三连公共服务设施现状

（2）交通设施现状

第四师七十八团三连东侧通连公路已硬化，连队居住区内主要道路也已硬化，路面宽度3.5～4.0 m。南侧一条沿河岸土路为硬化路。沿连部内部道路有少量亮化设施，其中大部分太阳能路灯已经损坏或失效。

第四师七十八团三连交通设施分布如图 9-18 所示。交通设施现状如图 9-19 所示。

图 9-18　第四师七十八团三连交通设施分布

图 9-19　第四师七十八团三连交通设施现状

4. 连队现状问题诊断

三连位于第四师七十八团东北侧,总户数 158 户,常住人口 525 人,少数民族人口 119 户 437 人,占比 83.2%;维吾尔族 1 户 3 人,占比 0.6%;柯尔克孜族 1 户 4 人,占比 0.8%。第四师七十八团三连给水已覆盖连队居住区,但暂无排水排污设施,电力供应已全部覆盖连队居住区,供暖为连队办公室独立锅炉房供热,其余均为自家解决。

（1）优势

一是区位优势显著,紧邻特克斯县八卦城和七十九团团部,为连队发展奠定了重要区位优势。

二是自然旅游资源丰富,伊犁河谷内、特克斯河边风景优美,整个地区旅游业蓬勃发展。

三是具有特色农副产品资源,林果业作为七十八团支柱产业,团部周边的阿热勒农区以种植果树为主。

四是具有军垦文化及少数民族特色文化,可对军垦文化、少数民族文化进行充分挖掘和继续发扬内涵。

（2）劣势

一是三连连队居住区虽在 2009 年整体规划并且建设实施,但整个规划结构不明确,道路并未分级设置。

二是缺少道路亮化设施,各区域功能不清,基础设施不完善,无排水排污管线及生活污水处理设施。

三是居住区内只有 2 所旱厕;存在少量人畜混居现象。

5. 找准宜居发展目标

第四师七十八团三连美丽宜居发展目标主要集中于"净""美""精"三个方面。

近期宜"净",即以干净整洁的连队居住区环境为发展目标;

中期宜"美",即以特色美观的连队居住区面貌为发展目标;

远期宜"精",即以精致独特的连队居住区风景为发展目标。

在三连原有规划基础之上,通过道路分级、功能分区手段,将三连居住区调整为"一环、两轴"的规划结构形式。结合三连实际情况及未来产业发展的需要,在连队居住区西北侧增加养殖区,实现人畜分离,保证连队居住区内环境干净整洁。保留北部、南部居住区域的同时增加以下功能区域:旅客集散区域;手工艺品加工区域;仓储物流区域;特色民族文化展示区域;房车营地、河滩旅游观光区域;特色种植、绿色有机食品采摘区域。

第四师七十八团三连美丽宜居规划总平面图如图 9-20 所示。

6. 完善基础设施建设工程

（1）交通设施建设

团部通连道路为硬质柏油路面,道路路面情况良好。三连居住区南侧有沿河岸土路一条。连队居住区内入户道路均已硬化,但整个居住区内道路分级不明,均为 3.5～4.0 m 宽硬化道路。

本次道路规划将居住区外围已硬化 4.0 m 宽道路及居住区南侧土路改造为 6.0 m 宽主干道,保留内部 3.5～4.0 m 宽次干道,增加一部分 4.0 m 宽次干道,明确外围与内部道路等级,增强居住区交通承载能力。

图 9-20 第四师七十八团三连美丽宜居规划总平面图

（2）亮化工程建设

本次规划提升连队主要道路的亮化水平，拟亮化道路长度 5100 m。路灯选型方面，综合考虑经济性及新疆地区充分的光照条件，选择太阳能路灯。

路灯布置采用道路单侧布置的形式，两灯之间的间距控制为 30 m，在十字路口适当增加一座路灯，规划路灯合计 170 座。

道路系统规划如图 9-21 所示。路灯照明设施规划如图 9-22 所示。

（3）生活污水整治

连队污水排放管网采用截流式布置，建设一座氧化塘用以处理收集起来的生活污水。排水主管道布置在道路的西侧，规划管径为 DN200、DN300，管道埋深控制在 1.4 m 以下。排水检查井之间的距离小于 40 m。

图 9-21　道路系统规划

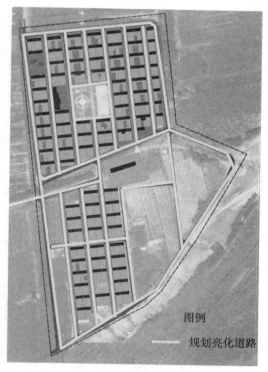

图 9-22　路灯照明设施规划

排水及污水处理方式采用不完全分流制,即雨、雪水就近排入渠道、林带,生活污水排入排水管网,经排水管网转输后排入连队北侧新建氧化塘。一是在连部北侧排碱渠附近建设集中污水处理设施,处理工艺采用"厌氧池—自流充氧接触氧化渠—人工湿地"工艺;二是在其他住户较少的地方,不易建设集中式污水处理设施,可引导住户采用化粪池、沼气池等小型污水处理设备。

生活污水整治如图 9-23 所示。

(4)生活垃圾整治

在生活垃圾收集方面,引导居民自备垃圾收集袋或垃圾收集桶,生活垃圾需进行初步分类收集;连队设置一处集中垃圾中转站,分散设计 7 处垃圾收集点;垃圾中转站服务半径不宜超过 1.0 km,垃圾收集点服务半径不宜超过 100 m;每 100～200 户配备一名卫生保洁员负责入户收集垃圾。

在垃圾转运处理方式方面,连队建一个覆盖全连的垃圾转运站,垃圾统一送团部垃圾填埋场集中处理。在垃圾清理方面,安排专业人员定期处理道路两侧、连队周围及公共场所的垃圾,自家庭院的垃圾由各家自己清理。

生活垃圾整治如图 9-24 所示。

图 9-23　生活污水整治　　　　图 9-24　生活垃圾整治

（5）公共厕所整治

连队现在的公厕分别位于连队中部和北侧，属于旱厕，建筑面积共 60 m²，拟原址各新建水冲式厕所一座。新建公共厕所采用水冲式排水方式排入排水管网；在公厕内增设取暖设施（煤火炉或电暖片）。考虑到未来旅游业的发展需要，在东侧增设移动式景区公厕一座。

（6）电力工程规划

连队职工用电普及率达 100%，对设置不合理，影响村庄整体环境的架空线杆、变压器台站及相关设施进行调整和改造，远期考虑改造为地埋式电缆。对新增旅游区域的电缆位置及用电量做预留考虑。

市政电源由连队西部的团部电站供给，沿着连队道路引入。在连队设置 10 kV 变配电所，变电所为户外式。低压供电半径为 200～250 m。供电方式采用放射式与树干式结合。

电力工程规划如图 9-25 所示。

（7）安防工程规划

连队现已布置少量安防设施，综合远期旅游发展需要，应增设安防设备。在主要交通路口及重要公共设施附近增加摄像头，提高连队整体安防水平。

安防工程规划如图 9-26 所示。

地埋式电缆

图 9-25　电力工程规划

○　警务室

●　规划摄像头

图 9-26　安防工程规划

（8）供热工程规划

结合当地的环境、气候等自然条件，开发适合当地居民生活的节能设施。充分利用新疆地区丰富的太阳能资源，大力推广使用电、太阳能等清洁能源，使用太阳能热水器、电采暖等节能设备，作为改善能源结构的补充。

（9）燃气工程规划

为加快新型能源利用，改变连队能源结构，提高区域的空气环境质量，创造良好的生活、工作环境。规划近期采用液化石油气供气。考虑到新疆天然气资源丰富的特点，在有条件时，可引入镇区天然气作为改善能源结构的补充。

（10）抗震规划

在设防标准方面，规划居民点建设范围内所有建筑按Ⅶ度设防，对不满足抗震要求的建筑应加固或拆除新建；主要建筑以及生命线工程（包括给水管、变压器）需根据相应规范要求提高设防等级，按照Ⅷ度进行设防。

在避震疏散场地及通道方面，公共绿地作为主要疏散场地，疏散场地按 3.0 m²/人计算，可满足规划范围内的疏散要求。干路、支路作为主要的疏散通道，一旦发生震情，应迅速组织村民进行疏散，结合村庄中开阔绿地及外围种植地的开敞空间进行安排。

（11）消防规划

村委会设置消防室一处，配备灭火器等消防设施。对庭院内如煤、柴、干草等消防隐患加强管理，不随意堆放；对易燃材料建造的临时建筑物进行改造。

确保村庄道路畅通，消防通道宽度不小于 4 m，转弯半径为 6 m。任何人不得以任何借口在道路两旁乱堆柴草、肥料及建材，不得在道路中设障、挖坑。

消防给水采用与生产、生活合一的供水系统，水源由供水主管道提供，一次灭火用水量以 15 L/s 为标准，灭火时间一小时。同时发生两处火灾，预测一次灭火总用水量 108 m³。

完善消防联动机制，团部消防大队快速出动，争取在短时间内赶到火场开展救援工作。与此同时，加强消防知识的培训，定期开展消防演练，让消防意识深入人心，人人讲消防，人人能消防。

7. 优化村容村貌质量

（1）院落整治提升

根据连队未来发展方向，规划对居民庭院统一进行美化改造。根据居民需求设计出 2～3 种院落方案供居民选择。

院落整治提升意向图如图 9-27 所示。

图 9-27　院落整治提升意向图

（2）建筑风貌提升

三连现有居住建筑为 2009 年连队统一建设，每户独门独院形式，在使用过程中，部分居民根据自身需求自建部分房屋，使得居住区整体建筑风貌不够统一。规划建筑外观融合少数民族特色，融入少数民族花纹等元素，形成具有民族特色的外观样式。

围墙立面、院落大门风貌提升意向图如图 9-28 所示。

（3）街道绿化提升

连队整体景观考虑以连部、游客集散中心、民族特色文化展示广场为重点，以南北向和东西向景观轴线为主，以环形主路为辅助的景观结构形式，配合路边绿化以及各家庭院前小面积种植植物，沿主要道路点缀景观节点，打造具有三连特色的景观布局。

街道绿化提升意向图如图 9-29 所示。

图 9-28　围墙立面、院落大门风貌提升意向图

村庄宣传画　　外墙装饰　　　　院落大门　院前篱笆花园　　　檐口

图 9-29　街道绿化提升意向图

8. 增加标识系统

村庄内部道路规划设置木栏杆分离，保护道路两侧绿化，提升村庄道路风貌。

木栅栏标识系统意向图如图 9-30 所示。

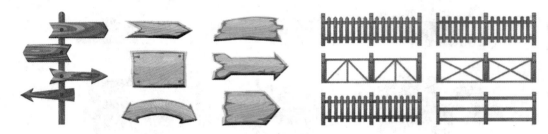

图 9-30　木栅栏标识系统意向图

9. 挖掘产业发展潜力

（1）种植业发展

一是扩大种植面积，着力培育有机水果、有机农产品等，大力实施连队推进和规模连片发展，充分利用连队周围耕地，扩大种植规模，使农业发展面向市场，进一步调整优化种植结构，大力推进无公害绿色农产品生产，提高名特名优产品比重，改善产品结构和质量，突出绿色有机种植物的资源优势。

二是增加种植种类，在目前已有的经济作物基础上，打破常规种植思路，提升整体服务品质，可进行分季采摘。目前已种有海棠果、桃子、苹果等，可增加番茄、洋葱、辣椒、红枣等种植。

三是推广先进技术，不断增加对高效农业的投入，努力推广先进技术，加强农业的综合开发，大力发展高、新、优、精、特农业新技术、新品种，推进农业的适度规模经营，使农业向都市型、观光型等现代农业方向发展。优化农业产品结构，积极拓展品牌农业，大力提高农业科技含量，为农业的可持续发展奠定基础。

种植业发展思路如图 9-31 所示。

图 9-31　种植业发展思路

（2）旅游业发展

依据伊犁州旅游规划，七十八团位于伊犁州"二廊、三点、四片"旅游空间布局的天山北麓雪山草原生态探奇度假旅游片区，其旅游业要想大发展必须与周边旅游资源融合一体、共建一线、互惠互利、共赢发展。要充分挖掘和继续发扬军垦文化内涵，依托"两大名片、一个品牌、一个形象"建设特色旅游城镇，将旅游业培育成支持当地国民经济发展的支柱产业。

应发挥三连距团部、特克斯县均较近的地理优势,大力宣传有机绿色农副产品,开办以观光、采摘等为主的休闲田园项目,使三连成为特克斯县和团部居民"蔬菜、瓜果一站式绿色供给基地",并且满足周边城市居民和旅游观光游客的休闲活动需求,显现乡村旅游的绿色化,提高当地农产品附加值。依托连队距离优势以及种植、养殖优势,打造特色旅游项目集群效应,进行经营类别划分,如以采摘观光、种植观光、农家特色餐饮等多种形式来吸引游客。根据景区四季景色的变换,设计不同主题的旅游路线。四季都有景,既有四季果园,又有突破季节限制的休闲活动。

旅游业发展思路如图 9-32 所示。

春	夏	秋	冬
军垦农耕体验、杏花摄影	自驾游、河滩观光	农民丰收节、连队美食节	冰雪旅游节
露营营地,农家、牧家体验,军垦红色文化教育,民族特色文化展示,少数民族文化节,绿色食品、特色种植、养殖产品展示			

图 9-32　旅游业发展思路

一是设置旅客集散区域。在三连入口处设置旅客集散中心,并且结合景观设计,打造进入三连的一处景观节点。旅客集散区域意向图如图 9-33 所示。

二是设置军垦文化教育基地及体验园。充分展示军垦文化,以军垦文化为核心,提供以农家饮食、休闲文化和农牧林业生产体验为主的个性化旅游服务。让游客做一天农民,睡一晚农家土炕,吃三餐有机蔬菜,享农宿快乐。军垦教育基地的建筑改造,以及各类景观布置都应还原当时的建筑风格,树上挂有革命象征物品则是明显的时代印记,毛主席像章、画像、革命书籍等实物都摆放在醒目位置,布置出革命先辈当年的生活环境、工作场景。通过军垦教育基地,不仅可以了解那一代人,更可以领略那一段历史,感同身受地体味老一辈革命家、军垦人的爱国主义精神。军垦文化教育基地及体验园意向图如图 9-34 所示。

图 9-33　旅客集散区域意向图

图 9-34　军垦文化教育基地
及体验园意向图

三是设置房车营地、河滩旅游观光区域。随着我国"全域旅游""泛旅游""旅游＋"等旅游新概念的提出,体验式旅游成为旅游发展的新浪潮,自驾游、房车露营活动增强了旅游的全过程体验感,成为旅游新商机。房车露营是一种新鲜的出游方式,既可满足玩乐的需求,又能亲近自然。房车营地意向图如图 9-35 所示。

四是设置露营营地。好山好水好空气,本地负氧离子含量远超城市水平。露营营地以环保生态度假房屋为核心,结合当地特色美食、休闲度假活动、户外运动、景区活动等,为旅客打造一个最亲密接触大自然、生活在美丽风景当中的独特度假体验。在露营营地,旅客能够置身于美景当中,在体验风景的同时,还能体验特色美食、当地人文文化、独特风情,以及享受到最贴心、高品质的酒店专业服务。露营营地意向图如图 9-36 所示。

图 9-35　房车营地意向图

图 9-36　露营营地意向图

五是设置农家、牧家客寨。农家、牧家客寨即家庭式旅馆,是从文化角度进行产业化完善,并且接受统一管理的非统一形象标识的酒店。它的特点就是家庭式管理和经营,让来客有宾至如归的感觉。客寨老板既是房东,又是服务员,又是餐厅厨师。农家、牧家客寨意向图如图 9-37 所示。

六是设置民居、民宿体验项目。民宿不同于传统饭店旅馆,它是利用自用住宅闲置房间为游客提供住宿的一种小型旅社经营方式。这种让旅客体验不同于以往生活、感受当地风情、感受民宿主人的热情与服务的民宿,近年来越来越受到人们的喜爱,成为许多旅客出行寻找住宿的选择。民宿体验项目意向图如图 9-38 所示。

图 9-37　农家、牧家客寨意向图

图 9-38　民宿体验项目意向图

七是设置仓储物流区域。依据总体规划要求及一产发展需求,配备相应仓储物流区域,为生产及旅游业服务。

八是设置手工艺品加工区域。哈萨克族刺绣是哈萨克族服饰中最有代表意义的一种装饰工艺,无论是哈萨克族的衣服、裙子,还是鞋帽、帕包以及床炕上、室内的装饰用品,都点缀着哈萨克族妇女的精湛绣品。民族特色手工艺品意向图如图 9-39 所示。

九是打造特色餐饮。发展特色餐饮,打造独具风味的美食游。结合有机果蔬的种植及全团的养殖业,利用本地资源优势打造集品尝、采摘、饮食、住宿为一体的农家乐项目。

十是种植彩色苗木。彩色苗木种植结合自然景色以吸引游客为主,增加游客量,吸引摄影爱好者,增强对三连的宣传影响。彩色苗木种植意向图如图 9-40 所示。

十一是发展冬季冰雪旅游。利用三连得天独厚的绵延低缓的河道地势,冬季打造以冰雪为主题的雪上乐园,供游客嬉戏玩耍,并开展传统北方冰雪大众娱乐活动,如狗拉爬犁、堆雪人、打雪仗、雪滑梯等。冬季冰雪旅游意向图如图 9-41 所示。

图 9-39　民族特色手工艺品意向图　　图 9-40　彩色苗木种植意向图　　图 9-41　冬季冰雪旅游意向图

十二是发展特色种植、特色养殖。随着人民生活水平提高,人们越来越注重食品的绿色环保。为供应特色蔬菜水果,方便游客自行选择采摘蔬菜、水果,规划修建特色采摘观光区。采摘园分蔬菜采摘和瓜果采摘两大类,在满足游客自己动手采摘绿色蔬菜水果需要的同时,使特色采摘得到广泛宣传,提高种植经济效益。依托三连原有的林果业优势,采用林养结合的模式打造特色养殖区域。

十三是举办连队美食节。以乡村美食、民族美食、农家菜肴为主题的连队家常菜大荟萃,倡导生态美食、有机美食、安全美食。采用当地生态农业的有机农副产品,招募烧菜农夫农妇,将农家美食、民族美食推向旅游舞台。

十四是开展少数民族文化主题演出。少数民族文化主题演出的节目不仅要保留传统的少数民族展示表演活动,如少数民族民俗精品展示、姑娘追、阿肯弹唱等,还要结合现代文化形式,推出更多新颖奇特、参与性强的特色活动,如少数民族舞蹈、骑马体验挑战等,使游客获得了更多的互动乐趣。

十五是举办少数民族文化节。三连少数民族文化资源丰富、底蕴深厚,文化形式多元化,保留并传承了许多极具开发价值的优秀文化,如古尔邦节、阿肯弹唱节,少数民族传统的礼俗、婚俗等众多的有少数民族特色的民俗文化。通过举办少数民族文化节的方式,将这些民俗瑰宝重新呈现,同时快速聚拢游客人气。

十六是举办农民丰收节。果园里,树上硕果累累,散发出诱人的香味,令人"垂涎三尺"。

菜园里,白菜、扁豆、丝瓜……各种蔬菜琳琅满目。丰收的脚步越来越近,一年的忙碌换来丰厚的收获,在这样的季节里举办农民丰收节就是为了给辛苦劳作者一份快乐的奖励。

十七是举办摄影、绘画论坛。以摄影、绘画艺术和文化创意产业为核心的特定区域项目,让艺术家的思绪在山谷田园的风景里弥散飘逸,既传播了三连特色村寨的生态文化价值观,更让艺术创意成为文化软实力。

10. 建立健全长效管理机制

在实施美丽宜居型连队建设过程中,政府不能"大包大揽",应该充分调动职工的积极性,要以职工为主体,使职工能够以"勤俭、自助、合作"的态度投入到连队的改造和建设中去,并实行有区别性的支援、补偿政策,有针对性地建立完善的鞭策机制,以达到"奖勤罚懒"的目的。一是严格控制连队的形象和风貌,禁止有损连队整体风格和外观的开工建设;二是认真贯彻,提高组织和群众对规划重要性、必要性和严肃性的认识,从而有效提高人民群众遵守规划的自觉性;三是积极宣传,发动职工的积极性,尊重职工的意见,让职工参与村庄的改造和建设。

连队建设的依靠力量应该是职工自助、政府补助、社会帮助。在多方努力协同下,才能使连队的改造建设取得应有的成效。

9.2.3 提升改善型——第九师一六六团三连

1. 评估人文地理发展价值

第九师一六六团团部地处祖国西北边陲塔额盆地北部的塔尔巴哈台山南麓,这里青山隐隐,流水潺潺,条田整齐划一,林带如网,道路纵横交错,禾苗青青,牧草如茵,牛羊肥壮。霍达公路沿团而过,团部至塔额公路 24 km,距塔城机场 36 km,交通便利。

一六六团三连作为生产生活一体化连队,距离团部仅 3.5 km,位置优越,可依托农业产业园区,打造特色农业连队。

2. 摸清产业集群特征

第九师一六六团是塔额垦区,以农牧业生产为主,兼营工副业生产,是农林牧副、工交建商、科教文卫全面发展的现代化国有农场。生产粮食、甜菜、油料、小经济作物等,畜牧业有羊、马、猪。

3. 连队现状问题诊断

第九师一六六团三连总共 241 户,525 人,其中:冬季常住 69 户,132 人;夏季常住 110户,180 人。

(1)优势

连队住宅相对紧凑,布局规整。与此同时,道路系统完善,拥有较完善的供水设施、电力设施和部分休闲娱乐设施。

(2)劣势

全连队无排水系统。连队绿化种植相对单一,无层次。公共服务设施较少,缺少公共活动空间,且通信线路较为杂乱。垃圾收运不够及时有效。

第九师一六六团三连连队现状如图 9-42 所示。

图 9-42 第九师一六六团三连连队现状

4. 找准连队可持续发展目标

第九师一六六团三连规划以"宜居""宜业""愉悦""宁静"为未来可持续发展目标,人居环境整治建设以完善公共服务设施、提高连队绿化率、提升连队整体风貌为主。

5. 提升基础设施建设水平

(1)通信设施

通信线路布满整个连队巷道,黑色木桩及通信线影响美观,同时也具有安全隐患。改造建议将通信线入地,连队巷道更为整洁、美观,同时不影响大树生长及车辆通过。

(2)污水收集处理设施

目前连队无排水管网。改造建议增加排水管网的布置,方便职工生活。连队整体地形东高西低、北高南低,排水条件较好。根据地形在连队西南角建设一座污水处理设施,污水经统一收集,利用一体化污水处理设施处理,处理后的污水冬季排放至连队西侧渠道,夏季用于林带绿化。

(3)交通标识设施

连队巷道为沥青路面,交通较为完善,但缺少道路铭牌。改造建议增加每条道路铭牌,共新增道路铭牌 60 个,旅游标识牌若干。

(4)垃圾收运设施

改造新增垃圾收集房 2 个;每家新增垃圾桶 2 个,总计 482 个。

(5)路灯照明设施

路灯布置采用道路单侧布置的形式,两灯之间的间距控制在 30 m,在十字路口适当增加一座路灯,规划共新增 62 盏太阳能灯。

(6)水冲式公共厕所

规划新增一座水冲式公共厕所。拟建公厕面积为 60.5 m²,建筑一层。考虑连队无其他空地，故将水冲式公厕选址定为库房南侧、小游园西侧，方便晒场以及小游园使用。公厕平面布置男、女各 4 个蹲位，根据 100 人/蹲位确定数量，另设管理用房和无障碍卫生间。

① 方案一

公厕颜色采用白灰两色，建筑布局规整对称，较为方正，与连队院落住宅相统一。

② 方案二

公厕采用木质与石材相结合，布局规整，线条硬朗，与连队周边环境相统一。

③ 方案三

公厕面积 85 m²，选用兵团连队公共厕所方案二。砖混结构，其中：男卫 5 蹲位，5 小便位，1 残疾人位；女卫 9 蹲位，1 残疾人位；管理用房 1 间。

第九师一六六团三连新建水冲式公共厕所意向图如图 9-43 所示。

图 9-43　第九师一六六团三连新建水冲式公共厕所意向图

6. 提升村容村貌质量

（1）连队形象

连队入口无明显标识，目前无公共活动场地，电线从农机具上方通过有安全隐患，整个连队缺乏标识牌。改造建议增加入连标识、新建小游园及农机具停放场，提升整体形象。

第九师一六六团三连入连标识意向图如图 9-44 所示。

图 9-44　第九师一六六团三连入连标识意向图

图 9-44 （续）

（2）院落围墙

连队院落围墙为砖墙,墙面没有抹灰,部分围墙较矮,因为使用年限较久,原本粉刷的墙皮脱落。改造建议将部分损坏严重围墙拆除或修缮,其余围墙进行抹灰粉刷统一压顶,作为文化墙,围墙修缮共 120 m,文化墙改造面积 1236 m²。部分文化墙彩绘内容以保护生态,打造特色农业连队为主。

第九师一六六团三连文化墙彩绘意向图如图 9-45 所示。

图 9-45 第九师一六六团三连文化墙彩绘意向图

（3）植物景观

道路绿化中大乔木已成林,但缺少下层植物,且整个连队中植物单一,且大部分为裸露土壤。道路绿化宽度 4.5～18 m,主道路南侧相对较宽,打造可进入式林下空间,道路绿化改造 15388 m²。改造建议道路绿化中补植中下层灌木及地被植物,新建小游园选择乡土树种,增加植物种类,丰富景观层次,减少裸露土壤。

① 方案一

道路两旁已有大乔木,但部分长势不好,需修剪补植部分大乔木,增加榆叶梅、红叶海棠、王族海棠、丁香、金叶榆球等小乔木和灌木,再用木质小栅栏进行围合,丰富道路景观层次。

②方案二

根据不同林下空间,补植鸢尾、福禄考、黑心菊、金鸡菊、蓝亚麻、鼠尾草等花卉,边缘用白色小栅栏收边,打造四季景观。

道路绿化方案一和方案二效果图如图9-46、图9-47所示。

图9-46 道路绿化方案一效果图　　　　图9-47 道路绿化方案二效果图

③方案三

打造可进入式绿化空间。一是将林下步道与休闲场地相结合,放置秋千、座椅,供职工休憩,丰富了景观层次,增加了人的参与性;二是增加部分小场地,放置农耕主题的小品,与文化墙主题相呼应,旁边放置生态木质座椅;三是在现有的场地增加文化长廊、景观小品,并与生态文明、设施农业的设计主题相呼应,选冠幅较大的乔木点缀,且放置多个座椅,形成林下乘凉休憩的绝佳场所。

可进入式绿化空间效果图如图9-48所示。

图9-48 可进入式绿化空间效果图

④方案四

打造不可进入式绿化空间。根据不同林下空间,补植小乔木、灌木球、花卉,边缘用白色小栅栏收边,打造四季景观。

不可进入式绿化空间效果图如图9-49所示。

图9-49 不可进入式绿化空间效果图

7. 提升公共服务水平

根据旅游发展规划布局与实际现场踏勘,拟新建公共服务设施,如生态停车场、农耕体验区、小游园等,提升连队社会服务水平。

第九师一六六团三连新建公共服务设施总平面图如图 9-50 所示。

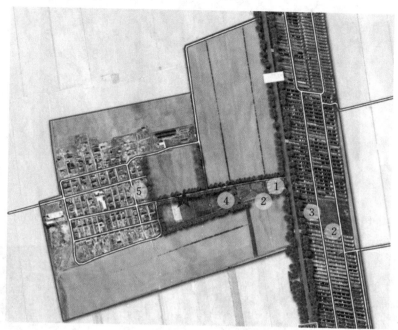

1.生态停车场　**2.**卫生间　**3.**大棚采摘园　**4.**农耕体验区　**5.**民宿区

图 9-50　第九师一六六团三连新建公共服务设施总平面图

（1）新建生态停车场

生态停车场选址为入连晒场库房东侧靠路边位置,紧邻水冲式公厕,占地面积约 2800 m²,小车停车位 48 个,残疾人停车位 2 个,大客车停车位 7 个。

（2）新建农耕体验区

连队东侧空地要打造农耕体验区,串联起农业设施大棚与居住区。农耕体验区占地面积 5768 m²,将场地划分为不同区域,种植不同作物。

第九师一六六团三连新建生态停车场与农耕体验区分布图如图 9-51 所示。生态停车场与农耕体验区效果图如图 9-52 所示。

（3）新建小游园

根据旅游发展规划布局与实际现场踏勘以及连队意愿,最终将小游园选址定在入连晒场库房东侧靠路边位置。未来发展中,入连东侧空地要打造生态停车场、卫生间、农耕体验区,故新建小游园既可以给体验农耕的游客提供一个休闲场地,又可以作为一个过渡,位于连队与农业大棚中间,将其串联。

新建小游园设有入口景观区、儿童活动区、休闲健身区、舞台区、景观休闲区等多个活动场地,满足不同年龄段居民的需求,并且搭配种植各类植物,为连队居民创造一个休闲、娱乐的功能性游园。

　　第九师一六六团三连新建小游园鸟瞰图如图 9-53 所示。

图 9-51　第九师一六六团三连新建生态停车场与农耕体验区分布图

图 9-52　生态停车场与农耕体验区效果图

图 9-53　第九师一六六团三连新建小游园鸟瞰图

① 主入口处景石具有观赏性与标志性,起到分隔空间的作用,能够提醒游人即将进入另一个场地。

② 休闲健身区设置健身器械与树池坐凳,满足居民健身运动需求、供人休憩。

③ 羽毛球场布置在靠近晒场的位置,球场西侧摆放了两个石桌石凳,东西两侧设置了石笼坐凳,为运动和观赏的人们提供座椅。

④ 广场舞台风格与民居外立面统一,并通过铺装园林小品等为居民打造一个具有特色的百姓大舞台。

⑤ 廊架与展示牌采用木质材料,张贴连队文化宣传品,展示牌对面放置座椅,供职工休憩。

第九师一六六团三连新建小游园基础设施效果图如图 9-54 所示。

图 9-54　第九师一六六团三连新建小游园基础设施效果图

9.2.4　基本整洁型——第一师十一团七连

1. 评估人文地理发展价值

第一师十一团位于第一师阿拉尔市东部,天山支脉喀拉铁克山南麓,阿塔公路 152 km

处,210 省道从团场南部横穿而过。团部驻地花桥镇,位于塔南 5 个团场的中心位置,东与十四团接壤,南抵塔克拉玛干沙漠,西面、北面与十三团相邻。第一师十一团七连位于十一团团部南部约 3 km 处。

2.摸清产业集群特征

十一团是兵团 28 个维稳重点团场之一,前身是 1959 年 9 月农一师胜利三总场成立的工程大队,1964 年 8 月,在工程大队的基础上成立了农一师工程二支队,1970 年 7 月改称十一团。目前垦区土地规划总面积 64.5 万亩,现已开发种植 21 万亩,其中:棉花面积 9.8 万亩、林果面积 8.3 万亩、其他面积 2.9 万亩。团场以农业为主,农、林、牧、工、交、建、商全面发展,种植业以棉果业生产为主。

3.连队现状问题诊断

全团常住人口 14893 人,其中维吾尔族 1180 人,占总人口的 7.92%。全团现有党员 666 人,连队"两委"成员 99 人,机关干部 79 人,在册职工 3446 人。全团现有建制单位 21 个,其中,农业连队 14 个,非农单位 7 个,驻团单位 12 家,工业企业 10 家,个体工商户 300 余户。

(1)优势

第一师十一团七连距离十一团团部近,又在通往沙漠公园的必经之路;连队内部道路规划整齐,巷道整齐,功能分区清楚;连队院落布置整齐,面积较大且原始自然风貌保留完整,对于发展庭院经济有着极为有利的基础优势;与此同时,连队建设初见成效,通过近几年建设,连队的基础设施和村容村貌都得到了一定的提升,为人居环境整治建设打下了良好的基础。

(2)劣势

连队道路条件简陋,道路及道路两侧亟须改造;民居院落缺乏打理,稍显凌乱,庭院利用率低,村庄庭院内种植作物产出较低,庭院内畜牧养殖凌乱,卫生较差;院落大门、围墙、建筑外立面简陋破败,影响村貌;排水管网及电力设施基础建设不足,亟待改善。

(3)机遇

目前连队建设的机遇包括地方政策的支持与休闲旅游时代的热潮,连队已经开始进行村庄建设规划并实施了部分建设。

(4)挑战

连队建筑布局普遍较为杂乱,建筑质量较差,内部空间有限,可建设的闲置用地较少,休闲点和景观设施建设缺少用地;现在村庄公共服务设施较为缺乏,公厕、路灯、垃圾箱、污水处理池等基础设施配备不足。

4.找准连队建设内容

十一团七连总用地面积约 400 亩,主要建设内容有:①道路硬化 10620 m²;②道路绿化 3790 m²;③公共厕所 2 座;④院落围墙改造 11260 m;⑤大门改造 173 户;⑥小游园建设 4000 m²;⑦农机具停放区 12551 m²;⑧集中养殖区 7500 m²;⑨电力线路改造 2500 m;⑩垃圾治理;⑪导视系统 11 个。

按功能分区划分为:民居区有民居 173 户,养殖区 7500 m²,农机停放区 12551 m²,小游园 4000 m²,连部有连队办公室、干部宿舍、卫生室、活动室。

第一师十一团七连建设规划平面图如图 9-55 所示。第一师十一团七连规划功能分区图如图 9-56 所示。

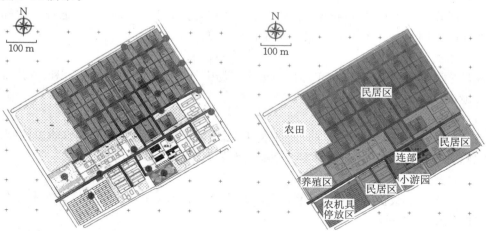

图 9-55　第一师十一团七连建设规划平面图　　图 9-56　第一师十一团七连规划功能分区图

5. 完善基础设施建设

（1）电力改造工程

间隔 50 m 或在道路交叉口设置路灯 22 盏，改造连队内外部电力线路 2.5 km。连队照明设施分布图如图 9-57 所示。

（2）垃圾治理工程

在道路交叉口放置垃圾桶 18 个，设置垃圾回收处 5 个，进行垃圾收集。增加垃圾转运车 1 辆，将垃圾运回十一团团部集中处理。连队垃圾桶分布图如图 9-58 所示。

（3）导视系统工程

在道路交叉口、连部、小游园等重点场所放置导视牌。连部导视牌分布图如图 9-59 所示。

图 9-57　连队照明设施分布图　　　图 9-58　连队垃圾桶分布图　　　图 9-59　连队导视牌分布图

（4）道路硬化工程

连队内部道路宽 4 m，混凝土路面，共计长 2655 m，10620 m²。在现状道路的基础上，铺设级配砂砾垫层＋沥青,提升连队道路系统品质。道路硬化工程效果图如图 9-60 所示。

（5）道路绿化工程

道路绿化带宽 1 m,种植行道树,改善连队风貌,总面积为 3790 m²。道理绿化标准段平面图如图 9-61 所示。种植断面及种植土换填图如图 9-62 所示。

6.增加公共厕所数量

建设公共厕所两处,分别位于连部南侧小广场旁及农机具停放区外侧,以改善连部基础卫生设施现状。

（1）方案一

采用红黄为主色调,红色线条增加建筑活力,增加坡屋顶造型,具有很好的识别性、美观性,与规划民居外立面相匹配。方案一公共厕所效果图如图 9-63 所示。

（2）方案二

采用生态自然式仿石纹理＋黄色墙面＋红色瓦片屋顶,具有乡野风格。方案二公共厕所效果图如图 9-64 所示。

图 9-60　道路硬化工程效果图

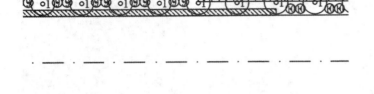

图 9-61　道路绿化标准段平面图

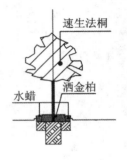

图 9-62　种植断面及种植土换填图

图 9-63　方案一公共厕所效果图

图 9-64　方案二公共厕所效果图

7. 连队民居院落改造

（1）院落规划形式

院落规划一共两种形式：纯种植的院落、带养殖的院落。

① 纯种植的院落

在入户位置增设葡萄廊架，可以起到遮阴纳凉、美观的功能；在宅前开辟菜地，种植蔬菜，提高院落丰富性；原有枣树种植地保留，整理干净可以作为采摘区域，接待游客前来采摘体验，增加趣味性；大门前铺设人行彩砖，提升门前卫生及美观程度。纯种植的院落改造规划图如图 9-65 所示。

② 带养殖的院落

将养殖棚设置在远离住宅处，养殖牛羊家禽等，最大限度减少对人居环境的影响。带养殖的院落改造规划图如图 9-66 所示。

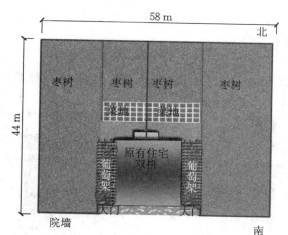

图 9-65　纯种植的院落改造规划图

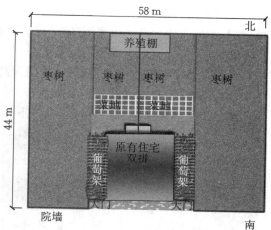

图 9-66　带养殖的院落改造规划图

（2）院落外立面改造

院落外立面改造一共两种方案。

① 方案一

采用军垦红色和黄色为基础色,与连部新改造外立面统一。砖红色的屋顶瓦片,红色窗框门套,黄色墙面,简单大气又具有军垦风格,院落外立面改造方案一效果图如图9-67所示。

② 方案二

采用军垦红色为主要色,墙面以白色为基底,红砖纹理饰面,红砖与团部红色文化恢复区相呼应,底部墙裙采用灰色面漆,形成沉稳、红色军垦风格的建筑样式,院落外立面改造方案二效果图如图9-68所示。

图 9-67　院落外立面改造方案一效果图　　　图 9-68　院落外立面改造方案二效果图

8. 连队民居巷道及围栏改造

(1) 巷道改造

巷道改造一共两种方案。

① 方案一

民居大门为黑色铁艺大门,院落围墙为红色压顶＋黄色墙体,道路为柏油路面,且种植绿化带,巷道改造方案一效果图如图9-69所示。

② 方案二

民居大门为红色木头大门,院落围墙为红砖围墙＋白色压顶,道路为柏油路面,且种植绿化带,巷道改造方案二效果图如图9-70所示。

图 9-69　巷道改造方案一效果图　　　　图 9-70　巷道改造方案二效果图

(2) 围栏改造

围栏改造以生态自然为主,一共有两种方案。

① 方案一

采用木围栏,红枣树枝编织成菱形造型,或采用整齐的木枝。

② 方案二

采用自然的木枝造型,降低混凝土压花基础高度。

9. 连队民居大门改造

民居大门改造一共有三种方案。

(1) 方案一

大门两边采用砌筑立柱＋装饰球的方式,采用铁艺大门,实用经济。

(2) 方案二

木质红色大门,造价高,效果好,装饰性强。颜色采用和建筑外立面及围墙相同的红黄色搭配。

(3) 方案三

混凝土压花大门立柱及门头,红枣树枝编织成大门,为生态自然田园风格。

大门改造效果图如图 9-71 所示。

图 9-71　大门改造效果图

10. 健全连队社会服务功能

(1) 新建小游园

小游园位于连部南侧,占地 4000 m²,可用于举办集会活动与居民的日常休闲娱乐活动。有篮球场、凉亭、健身器材等设施,可进行体育健身活动。

新建小游园平面图如图 9-72 所示。新建小游园效果图如图 9-73 所示。

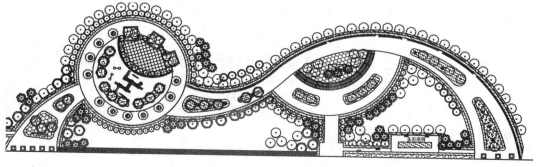

图 9-72　新建小游园平面图

图 9-73　新建小游园效果图

（2）新建农机具停放区

农机具集中停放区，由原花场改建而成，采用 $\phi50$ mm 钢管围合出停机位，停机尺寸 13 m×6 m。占地约 12551 m²，包括综合维修管理用房一座。新建农机具停放区侧立面图如图 9-74 所示。

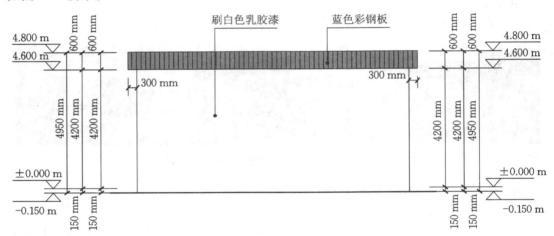

图 9-74　新建农机具停放区侧立面图

（3）新建集中养殖区

集中养殖区，占地 7500 m²，建养殖棚两个，采用钢结构彩钢棚。

9.3　兵团团场连队人居环境整治差异化发展路径

9.3.1　旅游特色型连队

对旅游资源丰富、民族文化浓郁、田园风光秀美、通达条件良好的连队定位为旅游特色型，人居环境整治目标是实现生活垃圾处置体系全覆盖，全面完成无害化卫生户厕改造，旅游厕所布局合理、数量充足、干净卫生，生活污水得到全面治理，旅游功能齐备，旅游基础设施和公共服务设施配套完善,村容村貌特色鲜明,管护长效机制健全。

旅游特色型连队产业应与国家尤其是各团场的产业主导方向一致,合理整合当地特色资源,有序挖掘和发展特色产业,以产业推动连队建设,充分体现各团场连队之间的差异性,因地制宜,一连一业。基于特色产业优势挖掘连队发展空间,通过对连队自身的发展格局、产业资源、产业基础及区位交通等进行分析,对旅游特色型连队进行统一合理的规划指导和政策扶持。

(1)加强资源整合,坚持优势资源合理利用

资源整合与合理利用是形成旅游特色型连队的前提,也是实现一、二、三产业有效融合的基础工作。一方面,应针对连队内部农业生产资源、旅游资源等实施全域生产与全域旅游策略,以提高资源利用率;另一方面,适当调整用地布局,为特色产业的集群、集聚、集约发展提供条件。

(2)延伸拓宽特色产业链条,实现特色产业集聚

连队应促进农旅产业链的延伸,加深农旅融合产业层次,做精农旅产品质量。加强一、二、三产业的深度融合发展和上、中、下游产业的深度合作,做到农业生产各个环节与旅游体验的各种形式相联结;促进农旅产品的品牌化建设,从而扩大连队影响力与知名度。

(3)保障连队路网通达,打造特种交通方式

连队应保证内外交通路网通达性、安全性,方便物流、客流集散,同时也要注意特色交通通道与交通方式的设计,如与农旅小镇观光游览、休闲体验等功能相符的连队绿道、游步道和慢行系统设计,牛车、驴车、游船等特种交通方式设置。

(4)完善公共基础服务设施,以旅游带动人居环境建设的良性循环

连队应通过旅游资源挖掘及旅游环境营造,强化公共服务设施建设及基础设施完善,并不断借助市场对于绿色生态商品的需求来反向推动旅游特色型连队积极参与生态经济、循环经济发展,形成旅游开放与人居环境建设的良性循环。

9.3.2 美丽宜居型连队

对高等级公路、重要旅游公路、铁路沿线、城镇周边、重要出省出境通道等交通便利、人口集中、发展条件较好的连队定位为美丽宜居型连队,人居环境整治的目标是实现生活垃圾处置体系全覆盖,全面完成无害化卫生户厕改造,公厕布局合理、干净卫生,生活污水得到全面治理,村容村貌特色明显,管护长效机制健全。

兵团团场美丽宜居型连队应依据现有产业特色与小区域文化特性进行塑造与提炼,有效挖掘连队内涵,尊重不同连队发展差异,积极引导连队培育形成独特的产业、旅游、文化标识,以此彰显各自的竞争力。保留并传承其独特的资源,注重传统文化与产业发展的有效融合。在人居环境整治建设的过程中应尽最大努力保留原有风貌,注重对连队特色文化传统的传承和原生态资源的保护,避免过度商业化。

(1)挖掘产业发展潜力,发挥产业聚集效应

连队应推动产业间合作,在深度挖掘特色资源的基础上,加强与文化产业、科技创意产业、文教产业、艺术产业等多产业的合作,打造多产联动、多向发展的产业结构,如农耕文化

体验产品、农旅产业与文教产业融合打造科普教育基地与素质拓展基地等,从不同角度切合不同类型的受众群体,激发潜在消费需求及市场价值,实现传统产业创新发展。

(2)完善设施建设,优化生产、生活及人居空间环境

连队应在完善道路、水系景观美化与接待设施构建的基础上,打造具有旅游吸引力的特色农业景观系统,进一步促进连队的农旅产业融合。同时注意全域空间的统筹协调,促进生产、生活、生态空间的适度融合,促进美丽宜居型连队形成和谐统一的空间整体,构造设施完善、生活便捷、功能统一的特色连队。

(3)促进村容村貌高质量发展,提升居民幸福指数

连队应加强生活空间环境的改善。依据美丽宜居连队的建设标准,在对农旅特色小镇进行道路、水电、环卫、物流、救助等基础设施进行配套建设的同时注重小镇内部社交空间、休闲空间、文体教空间的设置,保证生产生活的便利性,以提高居民满意度与幸福感。

(4)把握政府职能,建立健全长效管理机制

连队应依靠政府相关部门在行政、法律、监管、协调等方面的管理作用,对连队产业发展和环境风貌改造中的地域范围进行适当规定,也要对连队各类污染物处理、绿化覆盖率、特色风貌保护等指标进行严格考核,同时注重对企业、居民的宣传教育。

9.3.3 提升改善型连队

对有一定基础,且交通较为便利、人口相对集中、具备一定发展潜力的连队定位为提升改善型,人居环境整治的目标是生活垃圾基本得到处置,85%以上的农户完成无害化卫生户厕改造,公厕干净卫生,生活污水乱排乱放得到管控,村容村貌明显改善。

兵团团场提升改善型连队要实现连队的可持续发展,应构建多方主体共治模式,引导连队居民关注乡村发展政策、了解环境治理措施和制度,培养村民的集体意识,使其主动参与到农村人居环境治理中。

(1)坚持生态优先,营造绿色生态体系

自然生态是连队得以顺利发展的本质要求之一,而连队又是文化留存的重要窗口。因此,一方面应注意连队内外乡土田园环境的保持,既要注重山水格局与生态环境的维护,同时也应注意连队建设与乡村整体风格的协调统一;另一方面做好连队内传统手工艺、民俗等非物质文化的摸底整理工作,为历史文脉的保存、传承与开发提供基础。

(2)摸清产业现状,借助产业发展之力

产业发展是连队的根本所在,有主导产业的连队才真正有特色。摸清产业现状,不排斥新兴技术产业,产业的选择是没有边界的,历史传承、自然禀赋、生产要素、市场需求等任一因素均可促进主导产业,连队产业业态不能拘泥于"传统"还是"新兴"产业,关键是能因地制宜地将连队自身的自然资源禀赋、空间资源禀赋、社会资源禀赋充分利用起来,另辟蹊径地打造主导产业和产业链。

(3)拓宽资金投入渠道,保证环境治理工作均衡推进

连队人居环境治理资金主要来自于政府拨款,要改变这种单一的资金投入模式,寻找更多的资金来源,拓宽资金投入渠道。因此,政府应出台资源开发利用、环境治理、绿色农业发

展等政策,且适当向人居环境治理水平低的区域倾斜,拉动连队经济,再调动社会资本进入连队人居环境优化的主动性,引导社会力量参与到农村环境治理中。

（4）提升公共服务水平,助力连队提质增效

针对连队的民情社情,应优化参与治安防控的公众主体结构,完善连队警务制度,提质增效,与此同时,大力发展厕所革命,推进生活垃圾和生活污水的收集和治理,新增休闲娱乐设施、路灯照明设施等公共服务设施,推进从根本上解决形式化、差异化问题,为连队人居环境整治注入新的活力。

9.3.4　基本整洁型连队

对规模小、较分散、经济欠发达的连队,定位为基本整洁型连队。人居环境整治策略是在优先保障职工基本生产生活条件的基础上,生活垃圾基本得到处置,无害化卫生户厕改造率有较明显提升,村容村貌干净整洁。兵团团场基本整洁型连队要有效推进农村人居环境综合治理,优先保障农民基本生产生活条件。从制度层面强化连队人居环境治理的重要地位,在政策制定、经济支持、技术研发方面给予重要的倾斜与支持。

（1）强化基础设施建设,体现人文关怀

连队人居环境的改善是为了满足居民的价值诉求。因此在人居环境整治的过程中要重视居民对环境的主观价值感受,一方面,要还原连队人居环境复杂多样的整体样貌,不能使农村居民对人居环境多样性的价值诉求被忽略;另一方面,既要注重人居环境治理中科学手段的运用与选择,又要坚持价值理念的引导,关注连队人居环境的人文价值。

（2）改善人居环境质量,建立制度与技术保障

良好的连队人居环境不仅是整个社会环境改善的必要条件,更是国家稳定、社会和谐、民众幸福的重要保障。因此,连队对于改善人居环境应在制度与技术方面给予重要的支持,如采用成熟的垃圾治理、污水处理的技术,构建农村人居环境治理的法律保障、制度体系。

（3）关注居民意愿与诉求,健全连队社会服务体系

连队应完善民主选举、民主管理、民主决策、民主监督机制,优化连队治理结构,通过治理系统优化可显著提高公共服务效率。提高连队医疗人员服务水平,应建立可持续的人才培养机制,采取相应政策措施为连队引进并留住人才。同时,推动发展连队居民"喜闻乐见"的文化娱乐活动,利用传统节日开展相应活动,如通过举办手工艺品比赛等方式来丰富农村文化娱乐生活。

（4）鼓励居民主动参与,构建多方主体共治模式

要解决连队的生态环境问题,离不开政府与连队居民的积极参与。因此,政府需要积极帮助居民转变观念,使居民意识到自己是环境治理的主要责任人,也是美好生活环境的直接受益人,培养居民的集体意识,使其主动参与到连队人居环境治理中,也可开展评优评先活动,给予优秀居民一定的奖励,提高其参与意愿。

9.4 兵团团场连队人居环境整治差异化发展管理和执行标准

9.4.1 旅游特色型连队发展管理和执行标准

在旅游特色型连队人居环境整治建设过程中，一方面应充分挖掘连队产业特色、资源特色以及文化特色，准确进行连队的产业发展定位与未来发展方向的确定，实现连队旅游产业产品的异质化、多元化，增加连队吸引力与关注度，避免连队发展"空心化"；另一方面，应在结合市场需求与现实发展的基础上进行创新，从特色产品形式、设施服务、宣传推广、技术环境等方面促进连队特色旅游资源的转型升级发展。从旅游特色型连队发展的角度看，不仅可以加强高效农业、设施农业等高附加值农业生产模式的应用，在农产品加工方式、供给渠道等方面紧跟市场发展，也可以针对当前城市休闲体验、回归自然、科普教育等多元化需求，打造农旅产业融合环境下的农旅发展综合体，通过农家乐、农业科技园等农旅产品形式，进一步延长传统农业及经典旅游业的产业链条，打造多层次产业体系。

9.4.2 美丽宜居型连队发展管理和执行标准

在美丽宜居型连队人居环境整治建设过程中，一方面需要改善自然生态环境质量，以提升连部的整体风貌和建设宜居环境为重点，着力推进"生态人居、生态环境、生态经济和生态文化"四大体系建设，通过规划的综合引领，加强连队环境整治与设施建设；另一方面对基础设施环境、服务体验环境、连队人文环境等方面进行进一步完善，如针对连队多处于城市近郊的地理位置特点和游客集散的需求，应在城际公共交通、游客服务中心等方面进行项目建设；针对连队在休闲、观光、体验、科普、康养方面的市场需求，应注意特色农庄、农业观光园、养老社区、科普基地的规划，对连队范围内传统街巷、公共绿地空间的保留，使连队的环境特点深入人心，使美丽宜居型连队真正做到宜产、宜居、宜游。

9.4.3 提升改善型连队发展管理和执行标准

在提升改善型连队人居环境整治建设过程中，应重视资金投入。连队建设的重要基础条件离不开金融资本、人力资本、技术资本，没有相应的各类资本积累，连队的发展就会缺乏发展活力和建设动力。为实现提升改善型连队的既定建设目标，一方面应在合理利用政府金融支持的基础上，积极引入社会资本，推进民间资本投入，通过连队基础设施、村容村貌、社会服务水平的完善吸引民间资金在生态观光、农业会展等项目中发挥作用；另一方面，应加强与高校等科研机构与新兴科技企业的合作，做好农业新型人才引进与人员生产服务培训工作。

9.4.4　基本整洁型连队发展管理和执行标准

在基本整洁型连队人居环境整治建设过程中,一方面应注意政府主导作用的发挥,政府对于连队建设的作用贯穿了推动特色产业发展、加强设施环境建设、整合资金资源等各个方面。在基本整洁型连队建设进程中,针对连队资源禀赋水平较低的特点,政府应通过相应的政策制定与政策倾斜,指导连队聚合区域产业资源优势,化解"空心化"难题。另一方面,加强公共基础设施与公共服务的延伸与覆盖,加快交通道路、信息网络、休闲设施和接待设施建设,补齐连队在设施与服务方面的短板;加强针对性土地政策、金融政策、人才保障政策等政策倾斜,尽快改善连队的村容村貌,同时转变连队经济的发展方式,拓展居民增收渠道。

参 考 文 献

[1] 吴良镛.人居环境科学导论[M].北京:中国建筑工业出版社,2001.

[2] 谢宏杰.健康人居的理论模型与空间影响机制研究[M].南京:东南大学出版社,2021.

[3] 王滢涛.中国特色乡村治理体系现代化研究[M].上海:上海社会科学院出版社,2021.

[4] 程静,刘阳.城乡融合下的农村公共服务体系研究[M].昆明:云南人民出版社,2021.

[5] 陈润羊,田万慧,张永凯.城乡融合发展视角下的乡村振兴[M].太原:山西经济出版社,2021.

[6] 董雪兵,周谷平.中国西部大开发发展报告[M].北京:中国人民大学出版社,2020.

[7] 刘新宇,张真,雷一东,等.生态空间优化与环境治理[M].上海:上海人民出版社,2019.

[8] 周毅.中国西部脆弱生态环境与可持续发展研究[M].北京:新华出版社,2015.

[9] 许维勤.乡村治理与乡村振兴[M].厦门:鹭江出版社,2020.

[10] 冉勇.基于乡村振兴战略背景下的乡村治理研究[M].长春:吉林人民出版社,2021.

[11] 于水.从乡村治理到乡村振兴农村环境治理转型研究[M].北京:中国农业出版社,2019.

[12] 潘丹,孔凡斌.生态宜居乡村建设与农村人居环境问题治理理论与实践探索[M].北京:中国农业出版社,2018.

[13] 徐璋勇,姚慧琴,李丙金,等.中国西部地区新农村建设途径与政策选择研究[M].北京:中国经济出版社,2014.

[14] 吴柳芬.农村人居环境治理的演进脉络与实践约制[J].学习与探索,2022(06):34-43.

[15] 周葵,梁欣,李婉睿,等.西部地区农村人居环境改善策略研究[J].中国西部,2019(05):46-56.

[16] 杨文娟.西部地区新型城镇化与乡村振兴耦合协调发展研究[D].兰州:兰州财经大学,2022.

[17] 李妍,张国钦,余鸽.乡村振兴背景下农村环境质量评价指标体系研究进展[J].生态与农村环境学报,2023,39(02):146-155.

[18] 杨涛.生态宜居背景下农村居住形态优化研究[D].合肥:安徽农业大学,2021.

[19] 刘玥杉.乡村振兴背景下农村社会保障体系的完善[J].就业与保障,2022(12):94-96.

[20] 梁鹏.乡村振兴战略下河南省城乡融合发展路径研究[J].农业经济,2022(07):40-41.

[21] 刘洋,刘震海.可持续发展视域下生态农村建设的现实意义和实现机制[J].农业经济,2023(01):58-60.

[22] 李敏娟.西安市人居环境可持续发展研究[D].西安:西安建筑科技大学,2012.

[23] 李宁,李增元.农村人居环境治理的行动逻辑与实现路径研究——基于行动科学视角[J].学习论坛,2022(05):88-95.

[24] 王成,梁鑫,徐爽.重庆市农村人居环境整治的政策作用导向与提升路径[J].西南大学学报(自然科学版),2022,44(11):114-123.

[25] 王素霞,丁鑫.农村人居环境整治的现实问题与建议[J].环境保护,2022,50(15):47-50.

[26] 李荣.农村人居环境整治的问题及对策分析[J].农业经济,2022(07):44-45.

[27] 高永久,刘孝贤.西部边疆民族地区农村人居环境整治提升的现实价值与优化路径[J].民族学刊,2022,13(01):58-65+137.

[28] 李裕瑞,曹丽哲,王鹏艳,等.论农村人居环境整治与乡村振兴[J].自然资源学报,2022,37(01):96-109.

[29] 鄂施璇.韧性视角下农村人居环境整治绩效评估[J].资源开发与市场,2021,37(09):1053-1058.

[30] 王永生,施琳娜,朱琳.脱贫地区农村人居环境现状及整治框架——以重庆某县为例[J].农业资源与环

境学报,2022,39(02):417-424.

[31] 卞素萍.美丽乡村建设背景下农村人居环境整治现状及创新研究——基于江浙地区的美丽乡村建设实践[J].南京工业大学学报(社会科学版),2020,19(06):62-72+112.

[32] 冯越峰,赵少俐.山东省乡村人居环境可持续发展水平评价及提升策略研究[J].中国农业资源与区划,2021,42(08):155-162.

[33] 廖卫东,刘淼.自治、博弈与激励:我国农村人居环境污染治理的制度安排[J].生态经济,2020,36(05):194-199.

[34] 吕建华,林琪.我国农村人居环境治理:构念、特征及路径[J].环境保护,2019,47(09):42-46.

[35] 王成,李颖颖,何焱洲,等.重庆直辖以来乡村人居环境可持续发展力及其时空分异研究[J].地理科学进展,2019,38(04):556-566.

[36] 刘泉,陈宇.我国农村人居环境建设的标准体系研究[J].城市发展研究,2018,25(11):30-36.

[37] 于法稳,侯效敏,郝信波.新时代农村人居环境整治的现状与对策[J].郑州大学学报(哲学社会科学版),2018,51(03):64-68+159.

[38] 王丛霞."生态宜居"乡村问题研究述评及展望[J].宁夏社会科学,2023(01):143-149.

[39] 李桂花,杨雪.乡村振兴进程中中国农村生态环境治理问题探究[J].哈尔滨工业大学学报(社会科学版),2023,25(01):120-127.

[40] 王力,李兴锋.乡村振兴发展水平的时空演变及多维环境规制的影响效应[J].统计与决策,2022,38(20):63-66.

[41] 王江,李楠.乡村振兴战略下乡村环境治理的新挑战及其破解[J].环境保护,2022,50(10):55-60.

[42] 刘红.乡村振兴背景下农村公共文化服务体系建设研究[J].社会科学战线,2022(03):255-259.

[43] 李薇,韩家金.乡村振兴战略背景下辽宁生态宜居建设的概况分析[J].农业经济,2021(08):18-19.

[44] 傅建祥,郑满生.基于综合指数法的山东省农村生态环境发展水平测评[J].生态经济,2020,36(12):200-205.

[45] 沈忻昕.辽宁宜居乡村建设考核指标体系研究[J].农业经济,2020(04):18-21.

[46] 高子舒.生态文明建设背景下农村生态环境建设的意义、问题与对策研究[J].农业经济,2019(07):33-34.

[47] 曹桢,顾展豪.乡村振兴背景下农村生态宜居建设探讨——基于浙江的调查研究[J].中国青年社会科学,2019,38(04):100-107.

[48] 李周.乡村生态宜居水平提升策略研究[J].学习与探索,2019(07):115-120.

[49] 孔祥智,卢洋啸.建设生态宜居美丽乡村的五大模式及对策建议——来自5省20村调研的启示[J].经济纵横,2019(01):19-28.

[50] 陈晓刚.城乡规划过程中可持续人居环境实现路径研究[J].城市建筑空间,2023,30(01):76-77.

[51] 王鑫,赵新颖,张顿,等.吉林省乡村人居环境可持续发展水平评价及优化对策研究[J].东北农业科学,2022,47(06):141-146.

[52] 马杰.基于能值分析的人居环境建设可持续评价阈值研究[D].重庆:重庆大学,2013.

[53] 王柯贞.西安城市人居环境与经济协调发展关系研究[D].西安:西安工业大学,2011.

[54] YAO W,QU X G,LI H X,et al.Production,collection and treatment of garbage in rural areas in China.[J].Journal of Environment & Health,2009,26(1):10-12.

[55] DING M T,CHENG Z L,WANG Q,et al.Coupling Mechanism of Rural Settlements and Mountain Disasters in the Upper Reaches of Min River[J].Journal of Mountain Science,2014,11(1):66-72.

[56] KAPLAN S C,BUTLER R M,DEVLIN E A,et al.Rural Living Environment Predicts Social Anxiety in Transgender and Gender Nonconforming Individuals across Canada and the United States[J].Journal

of anxiety disorders,2019,66:102-116.

[57] GERGIANAKI I, FANOURIAKIS A, ADAMICHOU C, et al. Is systemic lupus erythematosus different in urban versus rural living environment? Data from the Cretan Lupus Epidemiology and Surveillance Registry[J].Lupus,2019,28(1):104.

[58] LIU J N,WANG X L,HOU Y Z.The Impact of Village Cadres' Public Service Motivation on the Effectiveness of Rural Living Environment Governance:An Empirical Study of 118 Chinese Villages: [J].SAGE Open,2022,12(1):363-380.

[59] ALILOO A A,DASHTI S. Rural sustainability assessment using a combination of multi-criteriadecision making and factor analysis[J].Environment Development and Sustainability,2020(23): 1-14.